拉场

白饭如霜 著

北方联合出版传媒（集团）股份有限公司

春风文艺出版社

·沈 阳·

图书在版编目（CIP）数据

控场 / 白饭如霜著 . — 沈阳：春风文艺出版社，
2021.3（2024.8重印）
ISBN 978-7-5313-5927-2

Ⅰ . ①控… Ⅱ . ①白… Ⅲ . ①女性—成功心理—通俗
读物 Ⅳ . ① B848.4-49

中国版本图书馆 CIP 数据核字（2020）第 245947 号

北方联合出版传媒（集团）股份有限公司
春风文艺出版社出版发行
http://www.chunfengwenyi.com
沈阳市和平区十一纬路 25 号　邮编：110003
永清县晔盛亚胶印有限公司印刷

责任编辑：尹明明		责任校对：曾　璐	
封面设计：杨光玉		幅面尺寸：145mm × 210mm	
字　　数：215 千字		印　　张：9	
版　　次：2021 年 3 月第 1 版		印　　次：2024 年 8 月第 2 次	
定　　价：68.00 元		书　　号：ISBN 978-7-5313-5927-2	

前　言 / **女性想得到更多，
就要不断给自己增加能量**

作为一个有十数年经验的教育从业者，我一直致力于个人发展的教育产品开发和传播。专业的知识，结合个人的经历，一直让我相信，人可以被塑造和改变，可以变得越来越强大，越来越好。善于学习与自省的女性，尤其如此。

我经常会遇到刚生了孩子的妈妈问我：我想要工作，也想要多陪孩子，两者实在很难兼顾，应该怎么办呢？

一个看起来二选一的简单问题，让很多新妈妈都纠结不已，而大部分人做选择的时候，要么是听凭情绪的引领，头脑一热就拍板；要么是听从身边人的意见，伴侣、长辈、朋友，谁的声音大就听谁的。

这两个方式都不太好。首先，情绪的影响，往往令人视角狭窄，以偏概全，难以进行深入而周全的考虑。情绪当然是必要的，它给我们带来丰富感受，更多的喜悦和更深的触动，但情绪也是变化无常的，在做决策的时候，情绪也常常把人带到沟里去。

至于外界和他人的想法，是不能代替你自己的偏好和需求的，任凭其他人来决定你的生活，只会让生活变得被动，渐渐磨灭你的积极态度、热情和动力。在现在的社会结构里，女人如果想要独立，就要学会时刻尊重自己真正的意愿，以此为出发点再去顾及其他一切。

如果你来问我的建议，我不会告诉你一个答案，我要跟你分享的，是一个资源配置的决策法，让你自己学会从不同层面进行全盘考量，推导出相对的最佳结果。

什么叫资源配置的决策法呢？首先我们要明白，我们所处的环境和能够获取的利益，很多时候和愿望无关，而是由资源决定的。

第一步，要做资源盘点。在去工作还是在家育儿这个问题上，你的资源包括你的家庭整体条件、伴侣和其他亲人对你的支持度、现在和将来的收入、可用时间分配、你的职业技能、可被取代程度、人际关系、身体状况等。

第二步，要做风险评估。如果你去工作，找得到可靠的养育者帮你照顾孩子吗？你要怎么去评估对方？如果这个养育者不合作，有预案能够马上生效应急吗？如果你辞职，收入减少会对家庭经济有影响吗？要怎么去平衡这样的影响？你的技能可以让你在家里做兼职工作吗？你要如何安排兼职的时间以及如何找到相应的资源？

第三步，在对资源和风险都有清晰认识之后，你就能够顺理成章地进入决策管理流程：你准备做什么，什么时间点做，执行步骤如何，要怎么和利益相关人进行沟通，等等。

这样的思考法是有逻辑的，它能够快速导出合理的结论，因此容易得到其他人的理解和配合，执行起来也会比较稳定，避免太多左右互搏的内耗。

类似这样的思维习惯和技巧训练，是本书的主体内容。

在刚刚从学校毕业的时候，我希望生命是一个连续不断的加法算式，相信很多女生和我一样，有太多希望，太多想法，也有太多选择。人生苦短，什么都不想放过。

而后转眼到了这么一天，曾经天真烂漫的女孩们突然发现自己变成了一只船，漂荡在大海之上，能依靠的却不多。我们要拼搏事业，也要照顾家庭；要应对外界的压力，也要面对自我的疑问。父母需要你，孩子也需要你。这只船慢慢载重太多，再也无法高速前进，不时会陷入旋涡之中，也许有些时候还会感觉自己再也无法承受，即将迎来灭顶之灾。

于是我们仔细审视生活，希望能够稍微放下一些负担，但对女人来说，到底什么是可以放弃的呢？

家庭、事业、孩子、兴趣、自我，每一部分都至关重要，丢掉哪一部分都会带来巨大的空缺。

从我的角度来说，我一直觉得，我们应该换一个角度去看待所谓人生负重的问题，那就是，我们面对的并不是一个零和游戏，不是只有加法和减法、黑和白、去和留。

如果你家里有八个人，而你只有一辆五座的车，你会想办法消灭家里多出来的那三个人吗？

当然不会。

你会去换一辆九座的大车，这样家里人都坐得下，而且有更多的空间放行李。

同一个道理，当我们感觉自己分身乏术，负累重重，真正的问题所在并非我们想要得到太多，而是我们的赋能不够。

与其去想我应该放弃什么，不如致力于如何升级动力，扩大船舱，改良设备，使它变得更宽、更强、更快、更稳固和从容。

人的潜力不是一个只能被消耗的定值，而是一大片等待开发的矿藏。女人想要从世界上得到更多，第一步就是要相信自己能够得到更多，而后不断去开发、锻炼和挖掘。

我愿意再说一次，现代女性所需要的不是做什么减法，而是引入更多的赋能去强大自己，从而变得游刃有余。

毕竟，独木舟如果变成了航空母舰，就不存在什么载重太多的问题了。

目 录

CONTENTS

1 善用时间资产，摆脱焦虑

2 自我管理：自律才能获得最大的自由

3 提升个人品牌：职业形象价值百万

4 职场沟通：女性可以成为更好的领导者

5 身份管理：成为走钢丝高手

亲密关系：夸出一个好伴侣

最优心态与思维跃升

1

善用时间资产，
摆脱焦虑

你为什么会患上时间焦虑症

瞎忙？学会划分优先级，远离"弹球综合征"

说到时间管理，首先在人们脑海中出现的标志印象，往往是个沙漏。

沙粒从上往下滑落，象征着时间的流逝，这真是一个天才的设计，用最直观的方式去展示资源的消失，叫人看着就感觉焦虑。

自然而然地，人们会想要赶在沙子全部漏完之前，尽可能多地完成一些任务，达成一些目标，得到一些收获，那句话怎么说的来着？时不我待。

于是"着急"成了这个时代普遍的特征。在越大的城市，越光鲜亮丽的环境里，人们的脑子就转得越快，脚步就走得越匆忙，从身到心地着急。

可惜事不从人愿，很多事偏偏是根本没有办法着急的。

无论你怎么急，一棵树要长大，一个孩子要成人，都有自己的节律与过程，你在旁边拼命跺脚，它们也没有办法配合你的所谓进度安排，一夜之间变成你需要的样子。拔苗助长的结果如何，古人可是已经说得很明白了。

不明白这一点的人，会患上一种只能自愈，外来干预或帮助都无法解决的病症：时间焦虑症，或者也可以叫作"弹球综合征"。

　　弹球，英文是Juggle，是杂技表演中常见的一种花样。表演者两只手上轮转抛着三个以上的球，球越多，抛而不坠的时间越长，说明他的水平越高。

　　在英文里，Struggle（挣扎、奋斗）和Juggle的结构相近，它们之间也存在着一种内在的联系。想象一下，如果你手上有七八个球不断在抛和接，不能停顿，不能分神，不能错乱，而台下有无数双眼睛死死盯着你，请问你的心情如何？是不是很容易"Struggle"，陷入苦苦的挣扎之中？

　　想一想我们在日常生活中的状况，这个比喻实在绝妙。我们只有两只手，要对付形形色色的事务，每一类事务就是一个不同颜色的球，丢出去这个，那个又落回手里，刚安全完成了一轮抛接，另一轮又刻不容缓地开始了，此起彼伏，永无止境。这些事务的重要程度不一，作用迥异，但不管它们是什么，负责接球的人没有选择，一旦失手，就会一败涂地。

　　更残酷的是，表演有结束的时候，也许一分钟，也许五分钟，音乐停止，象征结束的铃声会响起。严格来说，表演者只需要在一段时间内绷住一口气，就可以功德圆满，优雅地鞠躬下台。

　　可是生活中的"弹球综合征"患者不会那么幸运，他们永远必须把时间分配给每一个球，永远在疲于奔命，直到自己力竭不支，或者所有的球都摔落到地上，四散遗失。

　　"弹球综合征"是一种进行性的"疾病"，一个人年纪越大，与自己关联的人越多，需要解决的问题就越多，责任大了，自然压力也大，女性因为天性与社会角色分配使然，尤其如此。

如果只是疲于奔命地去应付每一个球，而没有停下来想一想这事到底应该怎么办，几乎所有人都会以失败告终，因为血肉之躯总有疲倦、烦躁、抑郁的时候，等到那一刻再想应该怎么办，就已经太晚了。

为了避免"弹球综合征"，我们首先要了解一个关键点：在时间有限的情况下，我们应当优先以及重点将时间投入到什么事上去？这些事又是通过什么标准被筛选出来的？

自测　别让"成就上瘾"葬送你的生活和工作

库布里克导演的《闪灵》，改编自美国恐怖小说之王史蒂芬·金的著名小说。故事里，作家杰克来到深山中为一座闹鬼的酒店当冬季看守，在空旷无人、鬼魅四伏的环境里，他的心灵渐渐扭曲，被蛊惑和异化。这种变化，首先体现在他在打字机上疯狂敲打出来的一行字上：

只工作，没娱乐，杰克变傻瓜。

这个片段体现了作家和导演大师级的表现功力，让观众于一瞥之间，便鲜明地预见到主角的崩溃近在咫尺。

在小说情节里，主人公的崩溃主要是因为闹鬼，现实生活中没有鬼，但任何人如果只有工作没有娱乐，正常的生活一定缺少滋味。

很多时间管理理念和工具，都致力于把一个活生生的人变成机器人，能够高效、密集、不受干扰地尽可能完成更多的学习工作，甚至社交娱乐，任何懒散和随机的行为都是罪恶的。

有一本书让我印象很深，讲的是日本的一位妈妈，带着三个孩子，她在照顾家庭的同时还在哈佛读了一个学位。她的时间安排是精密性与高效率的集中体现，令人看完之后，恨不得倒地对她膜拜，而后自叹不如。

这么厉害的人物，非常值得我们尊敬，但你是不是一定要做到这个程度，才算是做了时间管理呢？

不是的。

我认为任何人都不应该把自己逼到那个程度，起码不应该变成一个常态。用咱们的话来说，这不是一个"可持续发展的策略"。

心理学上有一个名词，叫作"成就上瘾"，简单来说，它指的就是不断追求更高更多的成就，认为这是唯一值得花费时间精力的目标，同时忽略其他一切，包括家庭、健康、娱乐，等等。

大家可以做一个小小的测试，看你是否患上了"成就上瘾综合征"？

1. 你是否总想要为自己的成就"记分"，并且总想"赢"？

2. 你是否常有时间危机感，总觉得每天或每周的时间都不够用来完成任务？

3. 你是否经常使用"任务清单"和"高效省时"这样的工具？

4. 你是否吃饭吃得很快，只为了尽快回到工作中？

5. 你的睡眠时间是否很少，醒来后即刻准备好出发？

6. 你是否很难享受无所事事的时光？

7. 你是否在任何地方都会工作？（真正的工作狂甚至会把工作带进浴室）

8. 你是否会将休闲与工作结合在一起，或是在休假时也带着工作？

9. 你是否精力旺盛？

10. 你是否有超越他人的强烈欲望？

11. 对于退休你是否感到恐惧？

12. 你是否连续超时工作很多天，或是回到家还在继续工作？

13. 你是否能清楚地意识到工作能为自己带来什么？

14. 你身边的人是否都觉得你的特点就是精力旺盛？

假如你的答案中有 10 个以上"是"，基本上你已经"成就上瘾"。

成就上瘾除了表现在行为上，还有一种是只上心瘾，也就是说，懒是要懒的，丧是要丧的，玩是要玩的，什么都不能耽误，可是不管在干什么，心里都带着焦虑与罪恶感，认为自己这样不对。

通宵玩游戏，然后第二天早上痛哭流涕觉得自己浪费时间，虚度光阴。

要参加重要的考试，却很少花时间去复习，而后将自己打入拖延症患者的行列，感叹自己一无是处。

立下 Flag①要看书，却在应该看书的时间跟朋友出去喝酒逛街，但喝酒逛街的时候其实也不怎么开心，因为知道自己在做不应该做的事。

这是一种什么精神呢？

这是两头不讨好，两头穷忙活的精神。

说实话，如果非要这么挣扎，你还不如大大方方玩个尽兴呢。开心是多么美妙的感觉呀，你努力工作、争取成就、实现自我价值，归根到底，不也是为了最大程度地开心吗？任何愉快都是愉快，愉快本身从来没有高低贵贱之分。

当然，尽情地玩，并不表示你在放弃自己，就此全身心投入荒废人生、混吃等死的事业里去。一个人最应该懂得的一件事，就是如何把握战斗与休息的平衡，此时，你会需要用上"RF 原则"。

---

①立 Flag：网络流行语，意为说一句振奋自己的话，或者立一个目标。——编者注

RF四象限法则：高配人生=高感受+高结果

先确定你人生的刚需

王小波先生说过："人要么有趣，要么有用。"我们的时间分配目标其实也一样，要么造就结果，要么获取感受。接下来我要说的时间管理RF四象限法则，就是基于这个原则设计的。

R 是 Result，是结果。F 是 Feelings，是感受。

这是一个用来衡量日常事务属性的框架结果和感受是两个维度，交叉而成四个象限，从而把事务进行分类。

这里的结果不是把事情做完，或等待一场电影结束那样线性的结果，而是指那些能在人生中发挥实际作用并且不可或缺的所得。

最有代表性的例子是上班。

这个世界上有很多人是真的很不喜欢上班的，能感觉不讨厌自己那份工作，都已经很不错了。

但对绝大多数人来说，喜不喜欢没那么重要。你再不喜欢，还是要老老实实地去上班。如果人家让你不要来了，你还会抱着满心焦虑求职，费尽心机找另外一个地方上班。

原因很简单，你是大人了，要独立生活，要给自己租房子买房子，付水电煤气电话费用，衣食社交，每一样都要钱吧？

就算你铁下心来啃老，父母会有被你啃到尽的时候，迟早会需要你去照顾他们——人不可能永远年轻，永远不担负任何责任。如果你现在都意识不到这一点，我必须要说，你真的太走运了，你身边不知道有多少人在努力保护着你，以及你这一点愚蠢的天真。

只不过世界在运转，时间在流逝，你这种运气不可能持续一辈子的。

大多数人在这个世界上的首要任务是自己养活自己，因此生存就是你要达成的第一个结果。

对结果的需求，会以各种各样的面目在我们面前出现，吃饱穿暖是最初级的。对学生来说，结果是你考试的成绩；对职场人士来说，结果是你能否完成任务、升职，从对手那里争夺到大额订单；对创业者来说是拿到融资，把公司开下去；如果你和另一个人同时爱上一个条件优秀的异性，你能不能在竞争中胜出，是择偶这个领域里的结果。

结果的残酷性在于它不理会你的苦衷、你的努力程度，它半点不在乎你是不是每天祈祷世界对你温柔以待。

得到结果的过程直截了当，而且是决定性的，你在这个世界上站什么位置，值多少价钱，拥有多少自由度，都由结果决定。这就跟我们玩游戏一样，你是限量版的英雄，用限量版的皮肤，意识强大，走位"风骚"，So what（那又如何）？系统只看你到底拿了几个"人头"。

结果还直接体现在其他人对你的要求上。一家公司请一个人回来做事，基本遵循的都是结果导向，也就是说，雇主给你钱，是让你干活的，你要完成任务的，持续输出，在标准之上完成工作的，否则人家发的工资就是白给了。

所以你现在应该明白了，R 就是有效输出，包括经济能力、专业级别、社会地位、阅历、经验、有效人际关系等各个方面的有效输出。

不谈感受的时间管理不是好管理

F 是 Feelings，感受。

用一种感性的方式来说，这里说的感受和生理无关，它更接近我们说的"千金难买我乐意"里的"乐意"，"你开心就好"里面的"开心"，"世界那么大，我想去看看"里面的"想去看看"。

好的个人感受，我把它叫作高感受，轻松、愉快、迷恋、喜悦，字典里很多，大家可以随便找来看看，都是些好词。

高感受的表现形式差不多，感受的来源则很不一样。有的人是天生工作狂，挣了钱他就高兴，连花都不需要花；有的人骨子里是个艺术家，喜欢看天上的流云地上的花；还有的人，比如我，秋天了，看到火锅店的招牌就走不动道儿，站在那里闻闻味儿都能马上容光焕发。

感受和结果相比，表面上看起来是弱势方，结果多重要哇，对不对？一个人饿的时候连树皮都会吃，因为不吃会死。不好好学习会挂科，挂科就没法毕业，不毕业就找不到工作养活自己，然后就有可能去吃树皮。这些全都是无法达成结果导致的。虽然这个比喻有点极端，但逻辑上就是这么一回事。按这个逻辑走下来，似乎你觉得高不高兴，对人生和自己满不满意，就没有那么重要了——这种观念真的是不对的。

我经常听到父母会对孩子说，我们帮你做这个选择，是为了你好哇，你现在可能不喜欢，不高兴，将来就会感激我们了。

以我的经验来看，这种转折的概率太低了，结果当然重要，但感受也一样重要，它们对人的影响体现在不同方面，且都无法忽略。

做时间管理时，一定不要把感受和结果全盘对立起来，这会导致很多很多问题，因为人不是机器，人本质上是被情绪和感受驱动的。甚至有研究表明，哪怕是理性的研究，其实底层还是受情绪的影响。

要兼顾这两方面的影响，正确的做法是去精确了解感受和结果这两个维度交叉之后，分出的四个领域各有什么特点，再用适当的方式去管理每一个领域里的事务，去尝试达到既能得到结果，又能顾及感受的局面。

感受和结果交叉起来的四个领域分别是什么呢？

第一个领域是高感受高结果的结合。

也就是说，你做的事，是你喜欢的，你得到的结果，刚好是你想要的。

人生还能比这个更完美吗？

这种状态可能存在，它通常发生在一个人的思维倾向和他的各种生活选择都高度统一的时候。

比方说你家邻居王二小，从小就循规蹈矩，严谨务实，是一个强事实倾向的孩子。

他这个特点从哪儿来的呢？从父母来的，爸妈全都是理工科背景，教育孩子也一板一眼的，王二小长大之后顺理成章去读了计算机专业，一毕业就当了程序员。

他进的那家公司很注重产出和绩效量化，人虽然多，但井井有条各司其职，没什么令人糟心的"办公室政治"。

工作几年之后，王二小同学通过相亲找到了一个各方面都比较匹配的人结婚，虽然没有轰轰烈烈的爱情经历，彼此的理念和生活方式却都很合拍，太太很会理财，他不必操心家事，业余爱好看网文，在社交媒体上做一点技术咨询的工作。

假如你爱好的是艺术和文艺，喜欢过无拘无束的生活，那说起王二小可能就会嗤之以鼻，觉得这算什么人生啊，简直太无聊了，但子非鱼，焉知鱼之乐？

王二小喜欢他的人生，因为一切都在轨道上运行，他以自己的方式来保持稳定的输出，同时得到正向的反馈和奖励，可能人到中年的时候头发都掉光了，这一点让人烦恼，但科学发达，如果一定需要的话他可以去植发嘛对不对？

接下来看看第二个领域，也就是高感受低结果的结合。

我是作家，我知道有很多人痴迷于写作，脑洞很大，很喜欢写故事，只要一打开电脑就情不自禁要去写上几千字，但是呢，写出来的东西没有办法发表，卖不出去，靠写作养不活自己。

把写作替换成爱好画画、摄影，或者任何一件你很喜欢做，但实际上对生存真的没有什么帮助的事，你都会发现"爱好一时爽，变现没希望"，这就是非常经典的低结果高感受事务。

下一个领域是低感受高结果。

很多你不得不做的事，从达尔文法则的角度来看都是正确的，必要的，是帮助你持续输出的，但也必须承认，你从中完全得不到乐趣。

我一个朋友的妹妹，人非常聪明，爱好文学和手工，对数字不敏感，可是因为家人都是财经专业和金融领域的，硬是按着她进了财会专业，毕业后一边工作还要不断去考证。

这么多年下来，大家都知道她上班上得不开心，不喜欢自己做的事情，可是她因为专业对口，工作表现没有问题，不断拿证书又有助于加薪升职，所以几年下来她的收入比同龄人都要高。如果单从生存角度看，她虽然感受不怎么样，收获的结果却很明显。

最后一个领域是低感受低结果。

不需要分析，这肯定是最糟糕的一个组合，在一个人的生活里，有什么事是落在这个象限的呢？对有些人来说，是跟着自己家人去走亲戚，你不喜欢亲戚，亲戚也不喜欢你，而且还不断问你每个月挣多少钱，为什么不结婚，说你穿的裙子不好看——你不能反抗，因为妈妈会骂你没礼貌。于是你强忍怒火坐了两个小时，出去的时候恨不得仰天咆哮，这两个小时完全是在浪费你的人生。

对这四个领域有一定了解之后，现在我要带你来看看，到底要怎么去处理那些来自不同领域的事务，才能平衡结果和感受，从而让身心两方面的收获最大化。

四个原则，全面管理你的生活路径

妥善管理生活路径有几个原则不可不知。

第一个原则：要尽量让你的高感受和高结果结合在一起。

大部分坦然说出我热爱我的工作的人，时间管理都差不到哪里去，因为你会自然而然付出非常多的时间去获取结果，当结果和感受正向相互促进时，无论结果还是感受，都会是非常美妙的。

达成如此和谐的状态无法托付于运气，更不是误打误撞就行的，它的来临和存在都有章法可循，首先要注意的一点就是，你要了解自己。

了解你的能力，在哪些方面能够有最大应用，从而得到结果。

了解你的兴趣，什么事情、什么东西能让你精神振作，愿意投入。

了解自己，是接下来设计自我生活路径的基础，因而既不会随波逐流，更不会因为其他人做得还不错，所以觉得自己也没问题。

再接下来要确保你把路径划分成了可以完成的目标，配备各种资源去保障它的实现。

第二个原则是尽量回避低结果和低感受的结合，因为它们几乎百分之百是无效时间应用。

这个象限所占的比例要越小越好，如果你现在的状况里面大部分时间落在了这个象限里，那就相当糟糕了，低感受和低结果结合的时间应用会让一个人既没用也没趣，非常容易产生自我厌恶感。

我们可以列举一下这个领域里的事务：

和你根本不喜欢的人约会、聊天或者帮他们的忙；

毫无准备地去做一件事，最后以失败而告终；

被人勉强做出某个决定，而后不断逃避这个决定带来的后果。

你可能会发现，很多低结果低感受的事务，都和无效社交有关。

这里我想要强调一句，对无效社交要坚决说"不"，千万别担心别人会不喜欢你。

我所了解的一个真理是，如果你有高结果，自然有人会喜欢你，如果你不是一个有用之人，也没有什么有用之物，那么无论你多么"Nice"，都没用，你只是根本没有资格不"Nice"罢了。

公平地说，低感受低结果的事情只有在一种情况下可以考虑去做，那就是必要利他。

什么叫必要利他呢，就是说你做了这件事自己完全不开心，也没有什么好处，但是你所关心、尊敬或者喜欢的人，在这件事上能够得到好处和喜悦，那算得上是一个弥补性的结果输出，也可以算是有回报的。就像上文说的跟着妈妈去看亲戚，你自己虽然百爪挠心，但妈妈因为你的陪伴和顺从而感觉愉快，那你也就当自己是在为建设良好家庭关系做贡献了。

第三个原则，是刻意平衡管理高感受低结果区域。

所有那些让我们开心，但开心完了之后什么都留不下的活动，包括玩游戏、看电影、刷社交媒体、纯娱乐性质的聚会甚至无所事事，都存在于这个领域，它们最适合放在整块的工作或者学习时间后，或者克服某一个困难之后，作为奖励出现。

高感受是非常重要的，它令人愉快，令人振作，也令人放松，而且会有效地帮助中和繁重工作或学习带来的疲倦感和消耗感。

这就像我们小时候生病要吃药，药很苦，一口闷下去的时候难受得跳脚，这时候妈妈或者奶奶往你嘴里塞块糖，糖和药对比起来格外甜，顺带着苦的记忆就会淡化，下一次你就不会那么反感吃药了。

此外，高感受低结果的活动，通常也会是一个人的兴趣所在，一个人上班的时候很有可能泯然众人，而个人独有的兴趣点会让你清楚地意识到自己和其他人不一样。

喜欢动漫的孩子愿意赋予自己二次元身份；城乡接合部精品发廊的发型师们，可能也很乐于强调他们的"杀马特家族"身份。不管是二次元、杀马特还是乐高爱好者，兴趣经常作为人的不同角色分割线出现。在某种意义上，个人兴趣对人们的庸常生活是一种救赎，当你在对生活主流感到泄气和失望的时候，还有个小小的避难所可以去，免于自我怀疑和自我放弃。

最有趣的一点是，高感受低结果是一个相对的状态，它很有可能向高感受高结果的方向演变，也就是兴趣向职业发展，成为你的主要产出区域。沉迷于玩电子游戏的孩子变成了电竞专业选手，不断取得胜利拿奖金；一个画画自娱的公司职员拿到了商业稿约；一个作者本来在网上写同人自娱，后来变成了白金作家，订阅无数，都是很直观的转化案例。

当然，兴趣转化为职业并没有想象中那么容易，如果你要做这个打算，要记得付钱的人不会把你的感受当作衡量标准，你要靠一门技艺安身立命，起码要通过行业本身的标准线，这需要你付出很多努力。

第四个原则，高效利用低感受高结果的象限区。

这一个象限，是我要花最多时间跟你讲的，因为从我的经验来看，任何人想要在世界的竞技场里胜出，只有两条路走，第一条是天赋异禀。你有天赋，自然而然成就未来，这谁都没话说，但是其他人也几乎不可能效仿。

你怎么效仿博尔特跑步？怎么效仿乔布斯对人性与产品的独到眼光？怎么效仿郎朗弹琴，科比打球？

普通人只能看看，把他们的故事当作传奇说说，而自己呢，只能尽可能争取去输出结果，把尽可能多的有效时间放在高结果象限的范围，不管是高感受高结果，还是低感受高结果，反正付出了就要有回报，否则就不要去付出。

你可能会说，我也知道这一点，可是我做不到哇，不管我怎么付出，好像都看不到效果。

在个人成长方面，怎么付出都看不到结果是个伪命题。科学家有可能奋斗一辈子解不开一个谜题，医生可能研究一辈子治不好一个怪病，但在个人的知识、能力、思维方面，付出一定会有回报，你拿不到回报，完全是因为规划和执行不对，你压根就没有好好输出。

什么叫没有好好输出？你想当专业翻译，但不去背单词；你想当商业摄影师，但你不去师从高手多多练手；你想在技术上有突破，但你靠打游戏来度过所有的业余时间；你想考一个财务证书，但连课本都没有好好看过一遍……

要控制输出当然不容易，否则世界上成功的人会多很多，在这个方面，我认为最好用的方法之一，就是强控制。

网上有个段子是这样的：一个中国人最聪明、知识最丰富的人生阶段是高中时期，特别是高三，上知天文下知地理会看英文书会解各种题，之后就开始每况愈下，到我现在这个年纪，要辅导女儿的小学四年级数学，就已经力不从心了。

高中时期的学霸附体状态是怎么来的？答案很简单，天天上学呗。白天上课，晚上写作业，周末上补习班，老师和家长全方位无死角盯防，除了去考试几乎没有第二件事需要考虑。

一旦你的日程时间、活动区域、个人行为模式、目标等都被严格地规定，而且擅自脱轨就会触发严重后果，那你所面临的，就是强控制。大家知道"衡水模式"吧，那就是工业级别的全方位无死角无缝衔接强控制。

强控制令人不愉快，但很有用，很多年前，酒驾和醉驾的结果还只是罚款和扣分，好多人根本不在乎这个规定——哪怕被警察抓个正着又有什么关系呢？等酒驾和醉驾入刑的时候，这种人马上就少了，难道他们的觉悟提高了吗？当然不是，这完全是强控制带来的威慑。

强控制有两种。对大部分人来说，最强的控制来自外界、环境、法律，对自己有决定权或者影响力的人。

不过，硬性的外界控制通常被看作是一种束缚和干扰，我们一面被控制，一面也可能不断在试图反抗。比如说，越是管理严格的工作单位，越有人想尽各种办法"摸鱼"。人是有个性有自我的，很少有人愿意接受"强控制是最有可能出效率和结果"这个事实。

那有没有什么办法，让我们在保持一定个体自由度的同时，也能够利用强控制的好处呢？

我的建议是，有意识地设计更有弹性和适应性的外部控制，其中有两种是现在最常用的，也被证明是最有效的。

第一种是群体。

第二种是社交媒体。

群体方面，比如说你觉得自己应该多读书多学习，但一个人读书好像总是不怎么得劲，经常读着读着书就丢掉了，那你可以考虑加入一个阅读小组。

群体的外界控制和权威控制不同，它是有弹性的，首先加入就有弹性，以组建阅读小组为例，小组成员的选择，学习任务的制定，完成的节奏和检验标准，都不是硬性规定，需要每个人参与和商讨，根据自己的实际情况估量可行性和做出承诺。

如果你对某个主题没兴趣了，大可以选择其他主题小组，或者干脆自己建一个小组鼓励其他人参与；万一进入一个小组之后觉得大家跟你不对付，退群走人拉黑三连，也毫无压力；就算你加入了但是完全不参与，也不会有任何直接后果，这些是不是都够有弹性了？

与此同时，人是群体动物，群体本身松散也好，紧密也好，只要存在，本身就会形成一种约束，所以只要你迈出第一步，成了小组的一员，就会有更大的概率主动或被动地参与到任务实施的过程中去。

大家有默契地按照既定的目标和计划，在群体聚集的平台上进行交流、展示、互相鼓励、监督、给彼此评论。一段时间之后，再检验目标是否达成。这时候你会意识到，作为群体的一分子，对个人和集体的目标达成都负有责任。

群体会带来责任感、信仰和凝聚力，就像路上横着一辆坏掉了的车，必须推开才能过去，你看看自己的体格，摇摇头准备绕路走算了，因为你个人不可能做得到，甚至根本就不会考虑自己是不是做得到。这时候如果突然呼啦啦来了 18 个人，而且还互相鼓劲儿说只要我们齐心协力，还可以用工具，弄点儿推车呀绳子呀什么的，就一定能把这辆车推出两公里。

可能这个时候你还是不以为然，但参与推车而不是放弃的可能性也会同时变大，等真的开始推上手，你就成了群体的一分子，要对共同的目标负起责任来了。为什么说任何时候人们都需要英雄人物，因为英雄是群体对自己光明面的投射，英雄的存在鼓励所有人以高标准对待自己，为群体负责。

除了一个志同道合的群体，社交媒体也是很好用的外部控制。

当你完成了某件事情，你可以选择默默自己藏着乐，也可以选择在朋友圈或者微博发布出来。你会发现，社交媒体能即刻放大你对成功或失败的敏感度，从他人那里得到的反馈也能激发出更强烈的自我肯定，以及随之而来的更高的自我期许。

人们以前说 You are what you eat——你吃什么就是什么。或者 You are what you wear——你穿什么就是什么。现在会说，You are what you post——你发什么就是什么。

我有一个朋友，是家庭主妇，在当主妇这方面挺厉害的，但拍照技术奇差。她每天的生活很规律，几点一线，按部就班，有一天不知道受了什么刺激，突然有一天在朋友圈立了一个 Flag，说她要连续拍照 100 天。

说拍就拍，她每天真的会定时发一些照片上来，照片的质量……有点一言难尽，反正我有时候看到感觉头真的很晕。

任何事要坚持做 100 天都有难度，因为生活并非按照我们的节奏进行，但她最后完成了。

我分析了一下她能够完成的原因。第一，她是一个很有自尊心的人，说到做到是一种道德上的正面评价，她既然立了这个 Flag，就努力想要完成任务，以维护自己的声誉。

第二，她的照片发在朋友圈，朋友圈是熟人社区，对大部分人来说，微博等其他平台其实也是熟人外交，不会有太多陌生人关注你，因此不管你发的是什么玩意儿，都总会有人点赞和给好评。你总不能直说"你没天赋不如算了吧"，而是会说："哇！你真的天天在拍，好棒哟！"

这种持续的关注和激励正是我们制订计划和完成任务时所需要的东西，一旦它形成正循环，人们会接受暗示，认为自己确实是在变得更好、更自律、更有把控力。在另一个意义上来说，这种自我暗示甚至能够带动对人生的重新塑造。

就像我那个朋友一样，因为受到了鼓励，现在她以为自己是一个被耽误了的天才，开始积极地去参加各种论坛，买更好的器材，上培训课，每天都兴致勃勃过得很充实，叫人由衷为她感到高兴，也许几年之后，她真的会变成一个很棒的摄影师呢。

所以，如果大家想要好好管理自己时间，却不知道从什么地方入手，那么第一步不妨去寻找志同道合的伙伴，一起组成小的群体互相促进，同时保持在社交媒体上的持续发布，吸引更多注意力来督促自己不断执行计划。这样就算是你给自己挖了一个坑，挖坑就要填，这是我们作家的基本操守，你也不妨试试，然后你可能就不会抱怨自己喜欢的作者为什么不能坚持更新了。

四个关键词轻松完成多线程任务

你是不是对"多线程"有什么误解

人们总是发现，随着时间流逝，自己手头上重要的事会越来越多，职业女性在这方面的感受尤其突出。

上班、出差、开会见客户，这是工作的部分；接送小孩、照顾家庭、处理家务，这是生活的部分；要学习，要成长，也要有一点社交维持人际关系，这是个人的部分。每一部分都不可或缺，于是你每天一睁眼看到日程表上密密麻麻一大串，是不是眼前一黑，恨不得又睡过去？

要彻底改变生活方式非常难，因为它是人生之河顺流而下造成的自然结果，就算要改也得慢慢来，不能用休克疗法，突然中断再全盘重启。

既然如此，我们不如从技术入手，提高处理多线程事务的能力，而不是试图把多线程掐死在襁褓之中。

多线程事务处理并不是同时做好几件事。研究表明，人类的高级认知处理实际上是单线程的，在处理需要认知资源的事务上，哪怕是算一个乘法算式比如 29×79，也只能单线程操作，你不可能一边算数一边还能记住别人的电话号码。如果你在做一件事的时候，心里惦记着另外十八件事，甚至下定决心人定胜天，同时进行两三件事，那么绝大多数时候都会以失败而告终。

有一个很好的佐证：当一个人在打电话的时候，你塞给他任何东西，他都会接住，哪怕那玩意儿看起来很烫，或者很脏，这个人都不会及时注意到。

有意识地"弹"起来

真正的多线程处理，指的是在一定时间内处理完几件事，把这段时间用最高效的方法利用起来。

在这里有四个关键词，能帮助我们在多线程事务前既高效又从容。

首先是弹性。

请想象一条橡皮筋，它拥有很好的弹性，在一定程度的压力之下，能屈能伸，能紧能松，能上能下。

再看看你的事务日程表，是不是也和橡皮筋一样优秀？是不是留出了可以上下进退的空间？

请千万不要按照最理想和最完美的假设，总是把所有事情密密麻麻排列在一起，一点喘气的空间都不留出来。

计划一部分被打乱了，后面就跟着全乱，说明这个计划如同多米诺骨牌一样，推一个就倒一排，这是很危险的。

其实只要把骨牌之间的差距稍微调开一点，就能更好地控制风险，哪怕倒了一块牌，后面的仍然可以稳稳当当站住，补救措施相应也比较简单：你把这一块扶起来就好了。

增加弹性说起来容易，事实上是有诀窍的。第一个诀窍是需要预判，对不同的情况都有所警觉；第二个是提前准备备用计划（Plan B），就像去度假的时候带上两个季节的衣服，热就穿短袖，冷就穿毛衣，应对有余，而不是"裸奔"，手足无措地被动应对变化。

你可能会说，所谓突发事件，不就是突然发生，谁也没预料到吗？

确实如此，但每个人如果想要尽可能在人生中占据主动，就要过有意识的生活，这是预判的基础。

一个人如果过的是有意识的生活，那么突发事件对他来说，更多是预料不到什么时候会发生，而不是会发生什么。

我看过一本讲埃博拉病毒的书，叫作《血疫》，里面详尽地描述了研究人员进入四级，也就是最高级生物病毒环境的时候，是如何给自己做防护的，书里说：

> 研究人员有可能遇到的意外是防护服因为各种原因破裂，导致身体接触到病毒，这种意外什么时候会发生他们不知道，因此要随时提防，并且做好预案。

在我们工作里面，无意识行事，就是根本不做规划、控制和管理。

比如说，你是一个行政秘书，你上周提交了一个需要老板批准的会议安排，会议时间是本周三。

一个善于规划、控制和管理的人，会在做日程的时候就标出周三这个日子，并且根据老板批了会议和没批会议这两个可能性，去安排两个不同的工作计划。

如果你提交完会议安排之后，自己把这事给忘了，径直按照没有会议安排这个可能性去计划接下来的工作，那意外很有可能会发生——明明可以不是意外的。

另一种可能性是想当然。比如说会议安排交上去，你认为老板一定会在周三批下来，所以你啥都没干，就等着开会，结果事与愿违，会议改期了，其他事像雪崩一样压过来，你自然也就变得手忙脚乱。

预判没有想象中那么复杂，它真正的阻碍是人类的天性，心理学告诉我们，人天生是趋利避害的，很容易想象好的结果，而不愿意去思考坏的未来。此外，对未知的预判需要大脑对已知信息做一个精确的分析处理，这需要耗费大量精力。大脑呢，天生又是一个偷懒的"沙发客"①，它对于那些不伴随紧张压力而来的思考需要，通常是能不处理就不处理。

要克服大脑节省资源走捷径的本能，脑内推演是很好的办法。

把你预判到的可能发生的事情做一个脑内推演，模拟它的发生、发展和结果。

在模拟过程中使用自问自答法，问自己，如果这个事情发生了，你要怎么做，把自己的想法和对策写下来，推敲这种应对方式能否解决问题。

等你做好充分的预判和预案之后，再回头重新梳理自己实际制订的计划，尝试着往计划之中加入弹性。

---

①沙发客：旅行时，选择在当地人家沙发上过夜的游客。——编者注

这样一来，如果预判的事情真的发生，你立刻就能反应过来，计划哪些是必须也可以坚持做下去的，哪些需要立刻调整或者取消。

如此一来，无论事情如何发展，你都在一定程度上能把控局势。主动控制非常关键，除了对做事有好处，它还能给你带来自信心，要知道自信心虽然虚无缥缈，却是成就很多事情的基础。

学会委派，你就有了三头六臂

弹性之外，多线程事务处理的第二个关键词是委派。

多线程事务处理，不是说一定要事必躬亲。要知道单枪匹马，能量有限，不可能面面俱到，因此不管面对家庭事务还是工作，都要有委派意识：事情再多，帮手也多，齐头并进把事儿都做好，尤其是当你手头有特别重要的任务需要优先处理，其他东西也不能落下的时候。

不能有效委派的拦路虎之一是意识。你可能很想让别人帮忙，又顾虑别人不愿意帮怎么办，或者自己太能干了，不放心放手给别人做，想着万一搞砸了，你还是要自己去收拾烂摊子，那不是更浪费时间？

这些想法都合情合理，也往往成为让你单打独斗累出腰椎间盘突出的元凶。该不该委派不是需要讨论的问题，我们应该了解的是如何有效委派。

有效委派，取决于三个要素：对象、请求和时间。把这三个要素管理好，就能管理结果。

首先是对象，你找谁，去做什么事，这是有讲究的。首先你要确保委派对象有意愿，他乐意帮助你去做这件事；其次，他具备完成任务的能力；最后，你要提前了解对方的时间安排，最好不要临时提出，更不要强迫他人接受委派。

委派对象找到了，接下来就要用适当的方法向对方提出你的请求。

你可能担心自己会遭到拒绝，这是常有的事，但不要犹豫去尝试。此外要学会明确地使用"我需要你的帮助"这个句式。

"我需要你的帮助"是一个很奇妙的句子，它可以激活他人的利他反应，因而立刻意识到有人在等待他伸出援手，紧接着，你要用"因为"这个句式开头，让潜在的委派对象了解你为什么需要他的帮忙，以及需要帮什么忙。这两个句式交叠使用的效果很好，只要对方具备能帮忙的条件，通常都不会一口拒绝。

最后一个要素，是委派的时间。如果某人刚刚向你抱怨了一通他的工作多么繁重、他多么疲倦，想撂挑子不干，而你听完后马上就找他帮忙，那简直就太没有人性了，结果多半会以失望而告终。抛开这种极端情况，不同的人在不同的时候情绪状态不一样，有的人上午精力充沛心情好，所以乐于助人，有的人是在晚上比较愉快，精神比较放松，比较容易说"好的"，你要锁定最有可能得偿所愿的时间去提出请求。

利用以上三点小技巧委派成功以后，就不要为对方会不会搞砸事情而操心了，所谓"用人不疑，疑人不用"，你既然已经选择了委派，就要相信他人，相信他的能力、意愿和责任感，除非出现明显的问题，否则要把注意力放在结果而不是过程上。

如果你确实想要跟进任务进度，可以提前和委派对象确立沟通反馈的时间点，定时彼此了解一下情况，这也可以让对方能及时向你提出资源或权限的需求，保证任务圆满完成，彼此合作愉快。

活在当下，确定优先级要当机立断

接下来我们来说第三个关键词，活在当下。

活在当下有几个层次，第一个层次，对事务选择说"Yes"和"No"，要在当下。

你对突发事件是否有选择做与不做的权利？如果有，就要考虑处理这件事情的利弊，它是否会影响到你的优先事务，你的能力是否足以胜任。如果都没问题的话，做这件事的利益何在？每个人的时间都是有限的，时间对于个体极其重要，千万不要只因为是亲朋好友或关系亲近的同事拜托，就非要答应下来。

有一种说法认为，多帮忙多迎合，不惜牺牲自己利益的方法能够有助于建设人际关系网络，这完全是一种幻觉。有效人际关系建设的根基在于利益互换，如果你没有足够利益和人交换，自我牺牲收效甚微，而你实质的损失则肉眼可见。

在衡量利弊之后，一旦选择拒绝，就要果断说 No，到此为止，不再为这件事浪费时间。当然，如果你说的是 Yes，那就要把它立刻排入事务列表，不要答应了却拖着，直到变成一个心理上和时间上的定时炸弹。

第二层次是，这件事和那件事，选择要在当下。

第一层次的事务选择前提，是你能自由地说 yes or no，如果突发事件不属于这个范畴，你必须要去处理，那么首先仍然要保持积极心态，把干扰当成是生活中自然的一部分，心理上不要崩溃了，要主动起来，一定程度上把自己变成掌控者。

你的掌控能表现在哪些地方呢？首先对突发事件进行分析，问自己，跟现在做的优先事务相比，哪一个更重要？其次考量如果先处理突发事件，原来的优先事务要在什么时候完成？如何完成？最后快速重新调整自己的安排，寻找能够协助你处理突发事件的人手和资源。

这三个层次都是活在当下，不仅是说要做好当下的事，也要做出更有利于自己、更明智的选择，而不是无条件承揽责任，结果被繁重的事务拖垮。

专注，一次只做一件事

处理多线程事务的最后一个关键词是专注。

无论你的计划多么庞大，事务结构多么复杂，一次做一件事，做的时候就要把你的注意力和执行力都完全投注进来。

专注和高效往往是等同的。我们前面说过，多线程处理，就是将时间分为几个部分，一次只做一件事，而且尽力一次性做好。

大家可以使用番茄钟来帮助自己形成专注工作的节奏，这是一个经典的专注力管理法，基础流程很简单，你照着下面的步骤执行就可以：

首先列出你当天要做的事；

设置 25 分钟闹钟作为一个"番茄"；

计划每一件事需要几个"番茄";

然后从第一件事开始。

一天结束之后,再配套回顾、每日承诺、控制中断和预估等一系列的行动,详细的方法你可以买书来看或上网搜一下,手机上也有专门的软件帮你控制。

要提醒大家一点,番茄钟的设置,都是为了完成一件事,如果在一个番茄里设置了太多的任务,专注的意义就不存在了。

请记住,弹性、委派、活在当下、专注,这就是多线程事务处理的四个关键。

对症下药，精准根治三种拖延症

为什么会有拖延症

如果你觉得自己很爱拖延，请不要过于惭愧或者自责，因为你不是一个人在战斗，你拥有来自全世界各处的千万战友。

拖延症就像感冒一样普遍，任何一个人都有机会得上。我以前读《胡适日记》，这位名噪一时的先驱，写日记的时候经常谴责自己打牌不去看书。第二天呢，继续打牌不看书，到最后书到底看完没有，他也没在日记里说。

要克服一个问题，首先要了解这个问题，仔细了解你就会发现，导致拖延最常见的原因有三个。

第一是过度追求完美。

以前我手下有一个设计师，能力很强，交出来的作品通常都能让众人眼前一亮。但他几乎从不按约定的时间完成任务，你去催他："你不是已经想了好几周的方案了吗？不能拿一个用吗？"他的反应就是"那些都不是最好的"。

追求完美对于艺术家来说是必要的品质，但对于职场上的任务执行者则往往弊大于利，因为艺术家的目标跟职场人的目标几乎完全是两码事，后者追求最优化的付出与结果比例，而不是以无限的资源堆砌去换取毫无瑕疵的作品。

"这件事我做不到十全十美，所以干脆先不去做。"如果你经常有这样的想法，那么越困难的事就会拖越久，有百害而无一利。

第二种比较常见的拖延情况，就是你不断被别人要求去做不是你分内的事情，你又根本不懂如何拒绝，于是耽误了自己事情的进度。

这里顺便教大家一个怎么对他人说"不"三部曲：

第一步，当他人对我们提出无理要求的时候，首先要对对方的要求表示理解，以同理心让他人得到安慰，不至于马上就把求助变成冲突。

第二步，明确表明自己的拒绝态度，而且不要向对方解释为什么。在成年人的世界里，每个人都有自己的优先列表，如果不是分内的事，那么任何人都无权要求你付出额外的时间精力去帮助他。No 即是 No，是不必找借口和解释的 No。否则你会发现一旦交涉起来就会没完没了。

第三步，在必要的情况下，可以提出缓冲的解决办法，比如说在另一个时间你可以帮忙，或者建议他去找更合适的人选。

第三个最主要的拖延症发作的原因，是自制力不强，这也是多数人抱怨自己的一个点。

马上行动，三步治愈拖延症

所以说，如果你想要治愈自己的拖延症，发毒誓是没有用的，立宏大的目标也没有用，真正有用的是行动，唯独通过行动，才能像锻炼肌肉一样，让自制力一点点强大。

行动的第一步是建立合理的目标，加以分解，而后逐步实现。

目标如果过于宏大或困难，你就不可能有决心开始行动，因此一定要让它变得有可操作性。

比如你想减肥，目标是下个月"维多利亚的秘密时尚秀"你来开场，你自己信不信？你都觉得不行，又怎么会去真的减肥？

但如果是一个月瘦五斤呢？这个目标感觉还行，问题不大，对不对？

现在是第二步，分解行动为具体的行为。

仔细地列出计划，第一天你需要做什么，吃什么，吃多少，去健身房的话，什么时间去，不去健身房的话在家要锻炼多久，分别做什么项目。

计划越细，你越是有信心去开始，一旦开始之后，你就需要让自己专注于完成那些拆分开的行为。

如果你规定自己 16：30 站起来做 10 个深蹲，其他事就不要去想，先把这 10 个深蹲搞定。

只要你一步接一步做下去，就会发现很多看起来很可怕的计划并不复杂，而且一旦撑过 21 天，执行计划就会成了你日常生活中的一部分，这是我们说的习惯的力量。

最后来到第三步，无论计划做得多好多可行，也要给自己缓冲的余地，要有备用计划。

一条道走到黑的做法十分不可取，要学会灵活转变行动计划。

如果你给自己订的计划是今天要背 10 个单词，但是你根本不想看书，眼看着一天就要结束了，没有完成的任务就像一块大石头一样压在你的心口。这时候你可以选择去看一集喜欢的美剧，或者找英文歌听，看的时候准备好纸笔，记下你不认识的 10 个短语或者词汇。

任何程度的行动，都好过在懊悔中度过今天，备用计划的存在就是为了冲淡你的负疚感，维持习惯的稳定性，以及避免花费太多时间和精力去纠结做还是不做——我经常说，你有想的工夫，都把事情做完了。

说到这里，我要为拖延症平个反，如果你所从事的工作需要大量的创造力，比如艺术创作、写作，或者想要在某方面进行创新，那么你的拖延症发作起来可能会比常人更厉害，但这不是白拖延的，整个过程中大脑并没有休息，它会在暗流之下整合资料，收集灵感，就像一个默默在黑暗中打着手电拼图的人，在你需要输出的最后关头会突然出现，把一个接近完成的拼图交给你。

很多作家是这个知识点的活写照，我自己也往往会用一年的时间酝酿写一本书，然后在交稿之前一个月狂飙突进，直到准时交稿。

当然，这个知识点，编辑从来都是不相信的。

测一测：拖延症自测表

以下内容描述的是一个人对于变化的反应，请根据下边的标准和自己的实际情况选出适合自己的选项（左栏为问题描述，右栏为实际得分）。

1. 我根本就不是这样子的。

2. 我经常不是这样的。

3. 我经常是这样的。

4. 我就是这样的。

问题	1	2	3	4
1. 在准备一些马上要交差的事务时，我还经常花时间去做其他事情。				
2. 对于我不喜欢的事情，我会拖拖拉拉地不想去做。				
3. 逢年过节或别人生日，我几乎总是要到最后一刻选购礼物。				
4. 如果要做一个很难做的决定，我会拖拉很久。				
5. 对于必须要做的工作，我通常也会放几天才开始。				
6. 去赴约我一般都会早点出门。				
7. 我总是必须赶着做，才能按时完成任务。				
8. 即使被工作杂事所困扰，在面对学习的时候我也会恢复正常。				
9. 如果我没有做什么事情，我会给自己找一个很好的理由，不会因此而内疚。				
10. 我不会去做觉得自己会做砸的事情。				
11. 即使是一些很让人心烦的事情，我也会分配必要的时间，比如学习。				
12. 如果我做了一件不喜欢做的事情，做累了，我就会停下来。				
13. 我觉得一个人一定要认真地工作。				
14. 如果一件事情不值得费力去做，我就不会做。				

问题	1	2	3	4
15. 我相信没有我不喜欢做的事情。				
16. 指使我去做那些不公平的事情和困难的事情的人，统统都是让人讨厌的。				
17. 如果我真的开始去做，任何事情我都能沉醉其中。				
18. 家人和朋友都认为我总是要等到不能再推迟的时候才会去做事情。				
19. 我认为别人公平地对待我是天经地义的事。				
20. 做事是自己的事情，我相信别人没有权力给我限定一个最后期限。				
21. 在学校的学习完全使我失去了方向。				
22. 我总是在浪费时间，但我似乎无能为力。				
23. 直到不能再推迟时，我才会去看医生。				
24. 我发誓要去做一件事情，随后就是拖拖拉拉不去做。				
25. 无论什么时候做了一个决定，我都会执行它。				
26. 我希望可以找到一个办法让我动起来。				
27. 如果我在工作中有什么解决不了的问题，那肯定是我自己的问题。				
28. 即使我为自己的拖延行为感到悔恨，这种感觉也不会促使我开始学习、工作。				

问题	1	2	3	4
29. 我总是用业余的时间来完成重要的工作。				
30. 当我做完一件事情的时候，我会再检查一遍。				
31. 我希望通过采取捷径来完成一些艰难的任务。				
32. 即使知道一个工作很重要，我也会漫不经心。				
33. 我还没遇到过解决不了的困难。				
34. 晚上休息之前，我通常会处理好当天必须完成的任务。				
35. 事情很多的时候，我会被搅得焦头烂额。				

计分
下列题目：6、8、11、13、17、25、29、30、33、34进行负向转换（即"4"=1 "3"=2 "2"=3 "1"=4）

常模	
分数	百分比(%)
106	85
97	70
88	50
79	30
70	15

　　高分表明你是一个拖沓的人，比如你的得分是97分，对应的百分数是70，也就是说，你比70%的人还要拖沓。

所谓时间管理，就是目标实现

时间管理，就是让"标签"成真

所谓时间管理，本质上来说，就是要让时间用在最有意义的地方，其中最有代表性的，往往是目标的实现。这对于很多人来说，往往是非常困难的部分。挫败感、自卑情绪、失望，其实都是目标落空的另一种说法。

一个人要确保自己实现目标，最重要的当然是行动，但同样重要的，是对目标本身清晰的认识。

你想要什么，你想成为什么样的人，你希望自己以何种姿态生活。

这几个问题的答案，会构成你身上的标签。

每个人都有属于自己的标签，有一些持之以恒贴在身上，有一些到了某个阶段就被替换了。对于我来说，不可替代的标签是女人、母亲、作家。这三个标签构成了我的人生版图底色，其他一切都是附着于其上的，包括和其他人的关系，职业与生活里的选择，都围绕着它们而展开。

如果把名词换成形容词，我希望拥有的形容词是被人爱和需要的、自由的，在某一个或几个方面是专业的、有趣的。

如果让你写下现在自己所拥有的标签，会是什么呢？如果让你用五个或者更多形容词去定义自己，你会用哪一些？

如果再站到其他人的立场上，无论是家人、同事、老板、客户、闺密、邻居或是跟你有矛盾的人，他们会给你贴什么标签？他们又如何用词语来定义你？你又是如何去看待这些定义的？

让我们再看长远一点。一年之后，你希望自己身上贴着什么标签？你给自己的形容词和其他人给你的形容词又会不会改变？考虑到一切都在改变，你希望那些词变成什么？

三年呢？五年呢？十年呢？

时间越长，这些问题越没有那么容易回答，请你静下心来，抛开自恋或者自怜带来的判断偏差，平心静气地去看待自己的现状和愿景。当你开始动手写下现在和一段时间后的变化，你的愿景轮廓就开始成形了，目标和行动计划便会浮上水面，这个过程是自然而然，顺理成章的。

SMART目标管理法

假设有一个姑娘，名字叫作爱美丽。

爱美丽小姐写下她身上所贴着的标签：未婚、没有男朋友的30岁轻熟女；收入不高的职场基层员工，职业是 HR（人力资源管理）；啃老族，文字爱好者，整体而言的废材。

有没有觉得很丧？老实说，在一线城市，放眼望去，会有很多给自己打这些标签的人。

她给自己的形容词可能也是配套的：品位很好；有点任性的；对日常生活感到厌倦的；有文化的；工作上竭尽全力却看不到希望的。

我们姑且不去管其他人对她的评价如何，假设是完全一致吧，我们再看她对于自己明年想要变化的标签是什么：有男朋友的轻熟女；资深人事专员（升职后）；啃老的程度轻一点；文字爱好者；整体而言有一点进步，没有那么废的废材。

为了完成这些标签的替换，她要达成什么事呢？

最起码是要找到男朋友，以及升职，多一点收入。

五年后的标签呢？可能变成了：已婚女性；人力资源部门经理级别；经济独立；业余写作者；被下属尊敬的管理者。

十年之后呢？已婚女性；丁克族；大型企业人事总监；MBA（工商管理硕士）；知名大学人力资源专业硕士学位拥有者；出版过一本书的业余写作者。

循着这些理想中的标签变化，我们现在一起来梳理一下爱美丽小姐的目标：

拥有稳定的家庭，丁克。

职业上在 HR 这个领域深耕细作。

个人爱好得到实际肯定。

她所拥有的价值观相当清晰：她重视家庭，但更加追求个人的价值实现和自由独立。

如果你是爱美丽，现在你明白了自己的愿景，有长远的，也有比较短期的，那么请你按照下面的次序，把目标具象化，变成笼罩你的能量场。

第一件事，是把你的现状和愿景都写下来，放在你每天可以看见的地方。

写标签的对比，也可以写形容词之间的变动，重点是现在和将来之间要有关联，帮助自己跨越时间的河流，去到职业或者个人生活上自己想要去的地方。

写好的目的，要贴在每天可以看到的地方，我个人非常推荐洗手间，尤其是马桶对面那面墙，那是一个不太容易逃避的区域，每当你响应自然的召唤，就会看到自己所想要的未来，由于每次自然的召唤往往都要延续上一段时间，所以你不得不看，没有选择。

贴一个小板子很好，贴一张纸也好，用可以擦洗的彩笔直接写在墙壁上感觉也不错。

便利贴反而不是一个好办法，因为便利贴很容易失去黏性掉下来，多掉几次说不定你就不贴了，这多少是个不吉利的兆头，仿佛你对自己的期望只能延续这么短的时间。

洗手间之外，手机的开机和待机页面是很好的提醒场景，床头柜上还可以放一个写着字的小黑板，总之在你的视线范围之内，尽可能多地放置目标标记。

心理学研究表明，如果你把某件事认真地写下来，你对它的重视程度就会提高，越是写得详细，越是会变得有可行性。

此外，在愿景的呈现上，不妨保持一定的私密性，少对人说，尤其在对你持有负面看法的人面前，压根不要说。

没有任何必要和他人讨论你的个人目标，除非你确认对方能够鼓励和帮助你。人是很脆弱的动物，一旦说出来而被否认或者遭到嘲笑，即使没有任何事情发生，也会有实际意义上的挫败感。与此同时，被毫无实际意义的鼓励太多，一样不好，因为你会产生"我好像已经做得很不错了"这样的幻觉，结果放松了战斗的意愿。

把愿景留给自己，并且不断充实与建筑它的基础，直到有一天你能拿出实际成果时再公布它。

建立愿景是自我期许与实现的第一步，但如果只有愿景没有行动，那就算你每天上八次洗手间，跟你的愿景板子面面相觑，一年之后生活也不会有丝毫变化，因此实现目标的第二步，是要设立配套目标，在这方面，SMART 是一个很老套但被证明有用的方法。

SMART 是一个很常见的"驴桥"（Donkey Bridge），所谓的驴桥，就是将一系列的英文词的首字母结合起来，组合成为一个简单的词汇，以此来代指这一系列英文词结合起来所代表的意义。

SMART 的第一个字母是 S，英文是 Specific，详细的，翔实的，有特指的。

第二个词是 Measurable，可衡量的，可量化的。

第三词是 Attainable，可实现的，可被接受的。

第四个词是 Relevant，和其他的目标有关联性的。

第五个词是 Time-based，有时间期限的。

我们还是以爱美丽作为例子，从前面她的愿景设计我们知道，她希望下一年升职到资深人事专员，这个目标的 SMART 元素是什么呢？

S：在本公司架构内升职。

M：比现在高一级，成为资深人事专员。

A：作为公司人事部经验最多、学历最高的基层专员，理论上目标可以达成。

R：与五年和十年的长期目标是一脉相承的，和之前大学的专业背景和职业规划也有衔接。

T：明年 10 月公司年终考核的时候实现。

SWOT分析，以一个愿景倒逼所有行动

目标确定之后，我们接下来要做一个 SWOT 分析，以确认自己有何优势支撑这个目标的实现，又有哪些方面可能导致问题产生。

SWOT 是四个英文字母的首字母缩写，分写是优势（Strengths）、弱势（Weaknesses）、机会（Opportunities）和威胁（Threats）。

爱美丽的优势是什么？

她 30 岁，毕业已经 5 年，在人力资源这个领域是专业科班出身的，足够的工作经验，完全能够胜任下一个层级的工作。

她的弱势是什么呢？ 30 岁是女性结婚生育的高峰期，管理层可能会顾虑到一旦她升职，就会结婚怀孕，从而影响部门的工作绩效。另外她和公司各个部门的人关系不算很好，上司认为她的亲和度不够，容易得罪人。

她的机会是什么呢？公司正在大规模扩展，她现在的上司下一年会被调到总部，在走之前需要升一个人来负责现在的工作。

她的威胁是什么呢？公司在内部招聘的简报里加上了资深人事专员的职位信息，而去年 9 月有两个资历比她稍弱但个性更讨喜的

同事进入部门，会形成竞争关系。

如果对这个 SWOT 分析进行进一步的梳理，爱美丽就能非常清晰地做出她的行动计划，她要确保自己的专业优势，最好的方法是在老板开始考虑人选之前，拿到更多的能力证明，以及在公司内部做出更出色的成绩，这意味着她需要去筛选人力资源领域的证书，选好其中一个开始备考，同时主动去承担更多的工作，变得更有效率，更为人瞩目。

沟通上，她要清晰地向上级传达自己的职业规划和努力方向，着手修复公司内部的人际关系，这意味着她可能要学习沟通技巧和团队协作技巧，这些技巧可以通过和其他人的交流来提高，她也可以选择报一个在线课程，或者制订一个阅读计划进行自我学习。

如果她想要在下一年 10 月就升职的话，很明显时间已经不多，因此从今天开始，爱美丽就要翻开她的笔记本，开始做行为规划，把力气花在刀刃上，为什么呢，因为刀一旦出鞘，就要斩落目标。

随着这一系列的规划和行动，爱美丽的目标实现指日可待，即使失败了也不要紧，她从中一定有所收益，只要迅速收拾战场，明白自己败在何处，就可以很快从头再来。

这一套流程说来麻烦，其实不然。只要你开始动手做，就会发现所有的线索都埋在你的日常生活中，你只需要将它们都整理出来，而后就不太容易陷入茫然，也不会总走弯路了。磨刀不误砍柴工，花在目标规划上的时间和精力绝对是值得的。

以一个愿景，倒逼所有的行动。

这就是有效的时间管理。

2

自我管理：
自律才能获得最大的
自由

"自制力"是个伪命题

缺乏自制力是很多人的心头痛，不管你怎么努力，似乎逃避和放弃都是最容易出现的状态，也最容易持续下去。即使如此，也请千万不要气馁，逃避和放弃确实是常态，但人之所以伟大，恰恰也是因为我们对常态不服。

自制力到底是什么呢？

从某个角度来说，自制力其实是一个伪命题，世界上并不存在这样一种如同开关一样单纯的力量：打开，你就可以做到那些你平时做不到的事；关上，你就连一点小事都完成不了。

从生物科学的角度来说，自制力是由前额皮质的三个部分共同作用完成的。左边区域负责"我要做"，它能帮你处理枯燥、困难或充满压力的工作；右边的区域则控制"我不要"的力量，能克制你的一时冲动。这两个区域一同控制你"做什么"。

第三个区域位于前额皮质中间靠下的位置。它会记录你的目标和欲望，决定你"想要什么"，而不是被本能的需求驱使。

所以当我们讨论自制力的时候，有时候是要激活"我要做什么"，有的时候是要抵御"我不要做什么"，而不管你是要还是不要，做还是不做，都要紧紧围绕你"想要什么"去进行。

自制力基本法

在讨论如何提高自制力之前，我们先来看看自制力有什么特点：

第一点是倾向性。

人是一种有趣的生物，生活在山里或者内陆的人通常都不怎么喜欢吃海鲜，而常年饮食清淡，强调食物原味的人对火锅也多半没有好感。我们说要让一个人开心，要投其所好，他爱吃什么就给他吃什么，而不是反着来，否则的话，人家压根就不愿意跟你来往，更不用说建立良好的关系了。

自制力和你的胃口一样，也挑三拣四，对自己喜欢做的事趋之若鹜，对自己不喜欢的则避之不及。

比如说你和喜欢的人约会，整晚吃饭、看电影、聊天、亲热一条龙四五个小时，你回家的时候是不是仍然神采飞扬？甚至还要打开手机，继续晚安来晚安去聊个大半夜？

你会想，和爱人约会需要什么自制力，我简直是扑过去约会的呀。其实不然。你在恋人面前会挖鼻孔吗？会肆无忌惮吃自己喜欢的东西直到小肚子突出来吗？会笑出猪叫吗？会随便放屁吗？

如果你的答案是肯定的，那恭喜你，你们俩应该差不多可以结婚了，或者……要分手了。

事实上自制力始终在发挥作用，不过因为自制力带来的奖赏太过丰厚，其辛苦程度可以忽略不计，于是你误以为自己是自然而然地在恋爱中展示自己最好的一面。

遗憾的是，生活中让自制力心甘情愿发挥作用的场合不多，大部分需要坚持的事都不可能在一开始就有明显可见的奖励，甚至可以这样说：越是重要的，能在最后结出丰硕果实的计划，开始的时候就越艰难，行动的过程就越痛苦。回避痛苦，又恰好是我们的天性之一。

　　自制力的第二个特性，是消耗性。

　　我们先来看一个实验，是一位在自制力研究上非常著名的心理学家罗伊·鲍迈斯特和他的同事们做的。

　　他们在一群非常非常饥饿的大学生面前放置同样的两碗食物，一碗腌萝卜，一碗巧克力，一组学生被告知只能吃两三块腌萝卜而不能吃巧克力，另一组学生被告知只能吃巧克力而不能吃腌萝卜。

　　除非你非常喜欢吃腌萝卜，否则你就可以理解，跟吃巧克力的学生比起来，那些只能吃腌萝卜的学生们显然需要更强的自制力。

　　接下来，为了测试这两组学生自制力的消耗度，鲍迈斯特又给每人发了一道猜谜题。这题挺难的——实际上是无解的。鲍迈斯特只是想知道学生们解题多久后会放弃。结果呢，吃腌萝卜的学生们比吃巧克力的放弃得要早得多。他们甚至汇报了做题后更加疲惫的现象。那么这个实验说明了什么呢？

　　说明了两点。第一点，自制力和你的肱二头肌在本质上并没有区别。有的人肌肉强壮，有的人虚弱，每个人拥有的自制力的强度不同，但哪怕是最发达的肌肉，也照样有筋疲力尽的时候，自制力亦是如此。

　　第二点，自制力就像一个定量的沙漏，不可能无穷无尽，在一定时间之内，你在某件事上用掉了三分之一，就只剩下三分之二，你如果在一件事上竭尽全力，留给其他事的就是一个空沙漏了。

这两点告诉我们什么呢？

答案是，如果你在无关紧要的事情上消耗太多自制力，轮到重要事务时就反而会不够，反之亦然。

自制力的第三个特性，是关联性。

自制力就像有传染性的病毒一样，能够从一个点蔓延到另一个点，如果你能控制生活中的某一个方面，往往也就能顺便控制其他方面。

有一个实验是这样的，一群心理学家找来实验对象，给所有人提供免费的健身房体能训练，时间强度都有严格的设计，他们在这样的强制训练之下，自制力不知不觉就提高了。

随着锻炼的进行，实验对象在生活和学业的其他方面表现也起了变化，他们更少积压家务，更准时交学校的报告，对饮食起居的时间管理也变得更合理。

自制力并非特定投放精准定位的一个炸弹，只在某一个方面发挥作用，它是贯通于我们生活中所有方面的，更像是我们血液中的氧气。任何器官都需要氧气，一旦血氧含量提高，所有器官也都受到影响。

最后一个特性是自制力的成长性。

研究证明自制力不是天生的，甚至不是一种才能，而是特定态度和身体反应的结合。如果有人很年轻的时候就显示出自制力良好的趋势，通常是因为他的双亲或者抚养者本身就有这个特点，或者家庭教育强调了这一点。

如果你的家庭环境特别散漫，你现在想要提高自己的自制力，一样为时未晚。任何时候开始都不算晚，永远不开始，才会再也来不及。只不过，这个过程是有诀窍并需要循序渐进的。

这跟跑步的道理一样，从来没跑过步的人想去跑马拉松，不可能直接就报名全马比赛，一定是从快步走到三公里、五公里，然后再到半马、全马。任何一个直接上全马的人，最有可能收获的都是抽筋甚至猝死。

自制力的训练和应用也是如此，你要做的就是把高感受和高结果区域中的事务找出来，以它们为基础，去做规划，设定目标，做行动计划，给自己阶段性的奖励和反馈。

那可以是一件事，比如说读书。也可以是两件事，读书或者背单词，但不要超过三件事，三为上限。

三是一个奇妙的数字，一次性要处理三件或者三件以上的事情的时候，非常需要前文说的多线程处理能力，而真正多线程处理工作是一种天赋，只有 2% 的人拥有这种能力，心理学家把这种人叫作"超级任务者"，这一类人的前额皮质和正常人的区别，有点像是人和类人猿之间的区别，也就是说，它是物种演化的结果，不能通过训练得到改变。

假设你是"超级任务者"，那请自便，你可以同时为自己安排八件事，但如果你不是（事实上绝大多数人都不是）那么一次就只安排一到两件事，你的大脑会因此感激你，你半途而废的可能性也会比较低。

从我个人的经验来说，要从高感受高结果区域里找到一件愿意做的事并不难，做出相应的计划也不难，但你可能会问，如果这件事跟我想要达成的人生目标并没有直接关系怎么办？如果我明年给自己贴的标签是升职去做财务主管，而我最喜欢做的事其实是学日语，那怎么办？

没有关系，首先学日语也是高结果，任何时候，在高结果的事务上分配时间都不是坏事。此外，要记住你在做的是自制力的训练，也就是说，你所选定的这件事除了原先具有的高结果之外，现在还多了一层更高尚的意义，一切归根到底，都跟你的目标有关系。

我不建议你选取高感受和低结果区域里的事务来作为训练开端，就像我们之前所说的，高感受低结果是为了放松，以及为自己找到与他人区分的个性标签，只是为了体验愉快感受而完全不追求结果的话，是无法做到严格规划的，因为那会显得滑稽可笑。事务如果失去意义，与之配套的计划也好，目标也好，就会变得虚无。

具体的做法，有两个点。

第一，利用自制力的特性，也就是倾向性、成长性和模仿性，去马上得到结果。

体力、精力，以及自我意识，这些东西会构成启动能量，无论你的精神力多么虚弱，你都一定会具备能量去做一件小小的，而且又是你自己喜欢的事。启动，就是关键。

没有一个人的启动能量是弱到无法开始任何事的，如果是那样，我建议你先不要学时间管理，而是应该去看医生，因为这种木僵状态是抑郁症的明显症状之一。

做自己喜欢做的事情，得到结果，正反馈给自己信息和鼓舞。

启动能量由此加强，再有意识跨出下一步。

一步步在高感受高结果区域深入，追求结果，而后过渡到低感受高结果区域，也就是那些你需要更多自制力才能开始和执行计划的区域。

记住，每次有一点成就，都要给自己一点奖励，奖励会让大脑记住一个目标——计划——行动三步骤正循环的完整过程，你去做其他事的时候，大脑也会开始预期这一整套循环的完成，于是更困难的计划看起来也就更有吸引力。

自制力不是别的，它就是你种下的一棵树，它会生根、发芽、长大，但过程很缓慢。

假设你是一只小蚂蚁，你想要毁掉千里之堤，你要怎么做呢？

你要给自己一个渗透的点，从这个点去扩展空间，犹如愚公移山，改变虽小，只要不停止，就能够聚沙成塔。

第二个点是精简计划，如果觉得自己完全没有自制力，那么无论在任何时候，一次只做一件事。

可以选两件事推进，但实践之中，一次只做一件。这样不但易于管理和跟进，也能让自己不会处于太大的压力之下。

在目标管理的研究中，提到过另一种制定目标的方法，叫作HARD[1]，它的要点是说，你的目标应当和你的价值观高度一致，你要由衷相信自己所做的事和所想要成为的人。另一点是我们之前

---

[1]HARD：HARD目标制定法是由《纽约时报》畅销书作家、领导力研究者马克·墨菲提出的。此方法强调通过一系列问题找出最让人激动、最渴望实现的目标，这个方法更强调内心感受。——编者注

讲过的脑内模拟演练法，你在追求目标的时候，要尽量详尽地，还原场景一般地去想象和演练整个过程，在实行时就会让行动更加清晰具象，它最有争议的一点，是说应当给自己制定困难而有挑战的目标，从而全神贯注，全力以赴，反而比制定容易的目标更可能成功。

从我的角度来看，制定比我们的极限稍高的目标，确实有助于结果的达成。古人说"取其上得其中，取其中得其下"，但这里有一个前提，就是你的启动能量是否足够。

当你的启动能量根本不足以去面对困难目标时，你会给自己带来大量的压力，压力对大部分人来说都意味着负面情绪，而负面情绪会快速消耗你有限的自制力。很多失恋的人会跑去喝得酩酊大醉，而这个人可能是平时连可乐都嫌不健康的人。

在压力之下，任何一点微小的失败，都会引起负面的连锁反应，让你回到逃避和放弃的状态里面，甚至因此而给自己定性：我就是烂泥扶不上墙，或者我就是这么失败的一个人，永远无法得到幸福。

大脑没什么操守的，它会记住小小成功带来的正面反馈，也会记住这个负面反馈，于是你的启动能量就进一步被损耗了。

最后要注意的是，无论我们把目标和计划精简到什么程度，总可能有某个时候，我们就是无法按照完美的设计开展行动，这个时候，有一点非常关键，那就是大家要相信数据，而不是心态。

如果你计划这个月要学完某一个课程，而你中间有三天没有学，或者你要控制饮食两个月，中间有一天你跑出去大吃了一顿，这时候最容易产生的想法通常是自怨自艾：

"真差劲啊，我根本做不到这些事。"

"和隔壁老王家的孩子相比，我太没有用了。"

以及把自制力拎出来打一顿：

"我根本没有自制力。"

"我连这么简单的人生计划都无法坚持，更不用说其他事了。"

放弃本身其实并没有那么可怕，但是放弃后所产生的羞耻感、罪恶感、失控感和绝望感，会让人极为难过，一旦你陷入这样的循环，除了自暴自弃，似乎就没有别的出路了。

如果你已经坚持了十七天，只有三天无法坚持，在那坚持的十七天之中，你的计划执行得非常好，这三天确实不够好，但无损于前十七天的成绩，你所应该做的是，迅速修正这三天没有执行计划带来的影响，回到正轨上去。

用科学家看待实验数据一样的态度去对待自己的时间管理现状，才有可能得出正确的结论，在 0 和 100 之间有 99 个数字，你做到了哪个数字，就是哪个数字，从一个数字提高到另一个数字并没有那么困难，可是从 0 到 100 是根本不同的评价。所以，如果你做到了 30，你就已经有 30 了，不要硬把自己拉回到 0。

更何况，任何计划其实都应该给自己一点弹性，越是组建计划的时候对自己非常苛刻，追求完美设计的人，放弃起来往往也越干脆。

就像我开篇所说的一样，自制力是一个伪命题，它不是一个魔杖，点中你你就可以从灰姑娘变成公主，它是你与生俱来就拥有的能力，想一想还不会飞的老鹰宝宝，它们在高高的悬崖上站着的时候，和你面对未来时一样胆战心惊，这时候老鹰宝宝和你需要的是什么呢？

是跳下悬崖，而后飞起来。

让"核心习惯"成为人生支点

从"不随时回邮件"说起

关于习惯，我有个小故事想跟你分享，十几年前我第一次升职后，邮箱里一下冒出来很多很多邮件。

多到什么程度呢，你可以想象这样一幅画面：草地上浇水的大水龙头，滋滋滋往各个方向冒水，而且势头还很猛。

随着手机邮箱不断发出提示音，我开始随时随地刷邮件，不管是吃饭，写报告，跟下属甚至老板谈话，早上开始，直到睡觉之前，都会刷一下。

如果只是刷一下，那也就算了，但很多邮件看了之后，还需要回复。

这样一来，问题就来了，我发现自己做任何事都难以全心全意投入，手里总是拿着手机下意识地看一下，安排好的工作计划不断被邮件带来的突发事件打乱，导致手头的项目不断延迟。

这就不对了。

为了改变这样的状况，我用了一周时间追踪自己的事务列表，然后用红色标记出看邮件的时间段。

结果可以用一张著名的邮票名字来形容，那就是"全国山河一片红"。

我有针对性地拆开了每一个邮件密集的重灾区时段，带着问题去观察自己的行为遵循了一个什么样的模式，结论是这样的：

首先接收到手机的震动或铃声提示，接下来马上看手机。

在看手机的时候，我感觉自己跟世界是连接在一起的，被人需要和期待，由此带来了虚无的满足感和充实感。

这三个阶段加在一起，就是一个经典的习惯养成回路。

暗示——固定行为——加奖励。

每当那个"叮"一声响起，大脑的预期就是你马上要从手头做的事上转移去关注邮件，如果继续专注于正在进行的事务，那么这种预期得不到满足的失落感就会变强，直到你无法忍受。

从一开始的有意识行为，到后来变成了下意识反应，只要一听到那个声音，我嗖地就伸手去拿电话了，都不过脑子的。

这可能算是很多人职业综合征的一部分，哪怕在重要会议上，人们都会情不自禁不时拿起手机查看邮件，哪怕邮件里根本没有什么需要知道和回应的。

认识到自己所受到的负面影响后，我用了一个最简单的方法去改变，那就是关掉我手机上一切提示音，邮件来和不来，我都有自己的事情要做，做完之后再去处理邮件。这样做，第一能够先通看一遍一段时间内的邮件，划分优先事项之后再去处理；第二回复起来时间充足，各方面的考虑反而更加周到。慢慢来，反而比较快，说的就是这个意思。

养成一个好习惯，"仪式——行动——奖赏"回路

所有的习惯，无论是好是坏，都遵循暗示到行动到奖励的三部曲，要养成好习惯可以这样做：

1. 找出一种简单又明显的暗示；

2. 固定暗示所开启的行为反应；

3. 有意识就这个行为反应给自己提供奖赏。

回路养成有三种路径。

第一种，通过建设回路三部曲养成全新习惯。

这种方法是全盘从头开始，设置全新回路，创造习惯，它最难的点是找到一个明确的暗示。

暗示这个词是有点宽泛的，好像不太容易理解，不过你可以试试看把暗示替换成仪式这个词。

我们的生活中有很多大仪式，比如说婚礼，它标志着新生活的开始，同时对未来许下承诺。要买房买车，一拜天地，二拜高堂，夫妻对拜，很多人累到结完就发誓绝对不想结第二次。

还有更多小的仪式，比如小朋友去上学之前要收拾书包，比如说我有个很有名的作家朋友，开始写书之前一定要戴她最贵的那个钻石戒指，以此激励自己。

仪式的重点，在于开启随后的行动或反应，就像一把钥匙打开一扇门，这些行动或反应不是随机的，而是会保持相对的固定和连续性，这样一来，它们之间的连接就会形成一个习惯回路的雏形。

拿健身来说吧，很多人大年初一许下雄心壮志，今年要成为锻炼小达人，没到正月十五健身卡就已经丢失了，跟私教请假说谎用的借口，比小区门口花坛里的杂草还多。

我刚开始锻炼的时候跟你们的情况差不多，往往拖到最后一分钟再去换衣服收拾健身包，然后一看时间，太晚了不去了吧，感觉自己还挺有道理的。

后来我做了一个小改变，我开始头天晚上就收拾好健身包，和运动鞋一起放在我出门的必经之路上。

第二天早上我走到门口，哎呀！怎么有个包放在这里挡路呢？这个包好像还会说话，在冷峻地提醒我：今天要运动哟。

这时候想逃还是可以逃的，但至少逃得没那么顺理成章，那么行云流水，良心上怎么还是有点过不去的。

收拾包和把包放在门口，这两个行为构成了我运动习惯的暗示，你可以选择对自己来说比较有用的暗示，比如说在洗手间显眼的地方贴一张纸，写上你的运动计划，完成之后勾掉它。

或者选择一块运动手表，在手表上定好闹钟，每周三、周五会响起，提醒你今天的日程是锻炼。

暗示不能如同春风化雨，润物无声，它要足够显眼，足够喧哗，足够频繁，它是一个号角，激活接下来的行动反应，因此在最初想要养成习惯的几天，一定程度上你必须刻意强迫自己行动。

哪怕行动的时候你不断退而求其次，退无可退，也要在最低程度上响应那个暗示。还是拿健身来说吧，你被暗示提醒了之后，不管是结结实实去健身房把自己虐了一个半小时，还是光着脚在客厅做几分钟健身操，在习惯养成这件事上，效果是一样的，惊不惊喜？

意不意外？

好了，有了暗示，有了行为，接下来可不能白干，索取回报的时候到了。

仍然以健身为例，运动会让身体产生内啡肽，这是一种令人兴奋愉快的激素，为你带来良好感受，还会缓解脑力活动带来的疲乏感，这是天然的奖励，与此同时，你运动五分钟，修图半小时，把自己穿着健身裤的腿拍一拍，在朋友圈配图发文：今天累成狗，但我还是有运动哟哈哈哈。朋友圈懂事的人们于是纷纷对你点赞表扬，你的自恋得到了满足——这些是人为制造出来的即刻奖励。

不管哪一种奖励，都会让你的行为有价值，让你愿意下次继续，老实说如果不是为了拍自拍，我可能会少去很多次健身房。

日复一日，暗示开启，行为跟进，奖励出现，习惯就此养成，这就是全盘按照一个全新回路的方法。

第二种养成好习惯的路径是改造回路。

这句话的意思是说，你已经建好了一个回路，但不怎么好，现在来把它改造一下，保留旧有习惯的暗示和奖赏，但替换掉中间的行为模式。

看起来只要动一个环节，但这种方法其实比全盘重新打造更难。

打造全新习惯的时候，暗示是你自己设置的，你清楚地知道它是什么，而在一个固有的坏习惯中，这个暗示往往十分隐蔽，隐蔽到好像不存在，可你如果找不到暗示，就无法改变接下来的行为。

现代人最常见的一个坏习惯是过度沉迷社交媒体，我们来看看它的回路构成：

某个工作日，或者说每个工作日，早上你到办公室了，坐下来准备工作，伸个懒腰打开电脑，然后千不该万不该，你拿起了手机。

你的本意其实只是随便看看，结果不小心一眼瞥到了一条很有趣的推送，这条推送下面呢，又跟了一个关联的帖子，这两条帖子的话题你都有兴趣，于是乎你就一而再而三地刷呀刷。

等你终于看够了，悠悠地从社交媒体中抽身出来，已经过去了一小时，感觉就跟穿越了一样，你回头一想，这宝贵的一小时你都在干吗呢？你在刷知乎、微博、微信朋友圈和抖音，看的过程中你非常开心，不时发出爆笑，至于在这个小时里你应该干的事全部被耽误了，你马上要去开会，而你根本没有做好准备。

这个看起来随机的行为里包含了一整个回路：拿手机是暗示，进入浏览社交媒体是行为反应，在各种感兴趣的资讯里得到了满足，是奖励。

明白这一点之后，下一个工作日，在开始工作之前，请你把手机静音，放在抽屉里，这样一来，你就去除了这个回路的暗示部分。

当然，你也可以选择设置一个新的暗示，比如在手机上提前设置好工作时段闹钟。

下一个工作日，你9：30坐在办公室，伸个懒腰泡好茶，打开电脑，拿起手机还没看，闹钟就开始用惨绝人寰的音量叫唤，提醒你干活啦干活啦，你吓了一跳，也没心思看"今日沙雕新闻"了。手机放下，开始工作，完成手头任务之后，你再去看社交媒体，仍然能够得到同样的满足感作为奖励。

你看，暗示没变，奖励没变，行为变了，与之相应的，结果就会发生变化。

全盘养成新回路，替换旧回路中的行为模式，这两种路径之外，还有一种，那就是养成微小的核心习惯，带动其他习惯的成立。

生活和工作里，很多地方你都要养成和坚持好的习惯，包括刷牙洗脸是不是想想都觉得很麻烦呢？

好消息是，你并不需要在所有事上都重复这个过程，最开始的时候，你只需要刻意养成一个小小的核心习惯就够了。

确定核心习惯，就确定了人生的支点

有一个心理学家让实验对象接受强制健身，一段时间之后，他们其他方面的表现居然不知不觉也提高了，饮食也注意了，工作注意力也提高了，交论文也及时了，这就是核心习惯的作用。

核心习惯会引起连锁反应，而后自然而然带动其他习惯的出现，天长日久地坚持下去，它的存在能够驱动和重塑整个行为模式，影响你的工作、饮食、人际关系和自我认知，久而久之，改变一切。

健身是很好的核心习惯，另一个效果出色的核心习惯是早起。

习惯早起的人，每天会多出一两小时属于自己的时间，清早很安静，没有人打扰，你从容地给自己做丰富的早餐，好好看书，为今天的工作写下计划，也可以不干正事，玩游戏看漫画，而后再去迎接繁忙的一天。一个人有时间休闲游戏，生活乐趣多，心情会愉快，在节奏快、事务繁多的现代生活里，保持心情愉快的重要性，不亚于其他。

与此同时，早起的人多半也不会晚睡，起居有规律，天天吃早餐，身体差不到哪里去，而一个身体很好的人，其他方面的表现又会差到哪里去呢？

　　核心习惯会给人带来确定性，阿基米得说的"给我一个支点，我能够撬起整个地球"，核心习惯就是这样一个支点，或者也可以说，它是你推倒的第一张多米诺连环骨牌，从掌握一件小事开始，渐渐培养对自己的信心和期待，一步步在这个基础上往目标前行。

　　最后我想说的是，习惯养成不需要天赋，它是一种通过学习和行动来强化的技能，和开车一样有特定的运作原理，只要你遵照原理，努力练习，就能看到好的结果，正是这些结果造就了我们生活的状态。

善用"影响力关系图"打造理想人际关系

如果你有一份常规的工作，姑且不考虑那些需要"996"（早9点到晚9点，一周工作6天）的互联网公司，或者"711"（一周工作7天，每天工作11小时）的广告公司，朝九晚六，偶尔加班，你一天里起码也会有八九个小时，是跟同事在一起的。

不管你和爱人关系多么热烈，和父母关系多么亲厚，和朋友多么"老铁"，同事都是你相处时间最长的群体。有趣的是，我们往往最不把同事之间的关系当一回事。

在职场关系方面，很多人有各种各样的问题，比如说老板好像不怎么喜欢我，应该怎么办，或者同事的个性跟我的个性格格不入，应该如何适应，还有比较经典的问题是我全力以赴想做成一件事，其他同事不但不配合，还各种冷淡，各种捣乱，给我下绊子。

针对不同的问题，有不同的技巧和方式去应付，但这种应付，本质上属于头疼医头脚疼医脚，它意味着你在职场上的内部人际关系本身就是不健康的，就像一个人的身体一样。第一，健康的身体不会动辄就出现问题；第二，它有自我修复的能力。我们所要致力去做的，是从根本上知道怎么建设良性的职场关系。

职场人际网：常规答案并非最优解

让我们用一个案例来看看，良好的职业人际关系网络，一开始是如何成型的。

假设一个刚刚从大学毕业的年轻人，名字叫小明，他的专业是计算机科学，现在工作的这家公司是他毕业后的第一份工作。公司规模不大，是一家初创的 IT 企业，有三个相对独立的项目组，这位年轻人在公司的一个项目组里担任一个初级工程师的职位。

他有一个大学同学，跟他一起进入这家公司，不在一个项目组工作，但是两个人合租了一套小公寓，上班下班朝夕相处。

第一天上班，小明就注意到了公司的前台，以及前台桌子上摆着的一个漫画手办。那是一个笑容甜甜的小女生，对每个人的态度都很好，非常热心助人，经过几次简短的交谈，小明还发现他们两人都是二次元的资深爱好者，年轻的小明感觉春天来到了自己身边。

小明的项目组是公司里专业水平最高的，有好几位资深的同事，有的人比较沉默寡言，有的则比较开朗，但都是经典的程序员风格，不修边幅，除了上班就是加班。而项目组的组长，也就是小明的直接上司，年纪比他大不少，对工作要求很高，为人比较严厉，不爱跟人来往，平常也独来独往。

他在公司经常会碰面或者打交道的除了上述这些人，还有保安、隔壁项目组的同事、财务和人力资源部门的同事，偶尔在电梯里还会碰到公司的创始人和合伙人，也就是真正的老板们。其中很多人小明一天也未必跟他们能说上一句话。

在这些人里，如果要挑出三个对小明来说关系最重要的人，组成他在职场上初步的内部关系网络，大家会怎么选呢？

结合对一部分背景状态比较接近的用户访问，以及我对职场新人的了解，我得出了一个常规的答案。

大家要注意，这里的常规答案，不是基于理性分析，而基本来自自然的事实状态：

排在小明内部关系网络第一位的，是那位和他一起大学毕业的同事，理由是他们是大学同学，感情深厚，朝夕相处，时时刻刻在分享这份新的工作带给他们的甜酸苦辣，相互支持和理解，与此同时，还能互相学习和竞争，这种关系对于小明这样初出茅庐的年轻人来讲无疑是非常重要的。

排在第二位的，理所应当是那个在现阶段对于小明的前途最有决定性意义的人，那就是他现在的直线上司。

排在第三位的，是前台姑娘。小明的理由相当充分：第一，荷尔蒙的萌动自然会让他花费相当多的注意力在对方身上；第二，他认为如果和前台姑娘搞好关系，以后者在公司的资历和跟其他人的关系，会让他自然而然得到更多的信息。

请大家想一想，如果你是小明，你是不是也会很自然地建立起这样的职场职业关系呢？

不同的诉求产生不同的关系

无论智力如何，人们总是倾向于凭个人的喜好和已有关系的紧密度来做判断，因为这个结果往往是让我们感到最舒服，可是经过科学的分析之后，理性会告诉我们，小明的选择并不是最好的。

要搞清楚这个轻重缓急，需要了解一个事实：所有的关系都是有目的的，或者说任何一种关系都是为了达到某一个目的而存在的。

这个道理不但适用于工作关系，并且适用于我们的生活、家庭和社会的关系当中，无论这种关系是你有意建立，还是无意或下意识地去建立的。

就像结婚一样，有的人结婚是为了找一个经济上的分担者，有的则是为了满足自己在浪漫感情上的需要；有的人要传宗接代，满足基因延续的本能，有的人则天生不喜欢一个人生活，所以希望能建立自己的小家庭。这些目的没有高尚或庸俗之分，关系的存在本身就是出于不同的诉求，关系网络中的人如果是为了同一个目的而努力，那么他们所建构而成的关系就会比较稳固。

目的是所有关系的基础。明确了解这一点很重要，能让你好好梳理你与别人的关系，并且把有限的时间和精力用于更能帮助你成功的地方。

人们往往会很理想化，希望人与人之间充满不求回报的温情，锄强扶弱的侠义，凡事都能同仇敌忾，万众一心，站在正义和真理的一边。

理想诉诸行动，伴随着艰苦的战斗和坚持，往往能带来世界的变化，这一点绝不能忘记，但落在每个人的日常现实之中，你可能也会发现，通常过得比较好的人，在关系的建筑上往往是目标导向的，用比较通俗的话来说，是"功利"的。

从这个角度的理解出发，如果你是小明，请回答下面这两个问题。

第一，你在公司最重要的三个目的是什么？

最可能的三个：

目的之一，专业成长。在工作中学以致用，在实战中获取新的知识和能力，让你的专业水准稳步提高。三个月到半年之后，你能全面适应职业生活，得到公司的肯定。

目的之二，收入。目前薪水能够满足生活的基本需求，你希望一年后能得到项目奖金和加薪，为财务自由开一个不错的头。

目的之三，职业规划。公司势头不错，业务在迅速扩展，因此有很大的职位提升空间。你希望自己在三年之后成为项目组的带头人，或者被提拔成资深工程师。

接踵而来的问题就是，要达成上述目的，谁会给你带来直接以及至关重要的影响？

深入考量这个问题的时候，可能有一大批平时你没有留意，或者日常接触比较少的人都被摆上了桌面。

他们可能包括那些项目组里经验丰富的老员工，已经经历了你即将经历的很多阶段，如果你能够从他们身上学到东西，得到指点，就能省掉很多自己摸索的工夫，少走很多弯路，获益匪浅。

除了你自己所在的项目组，其他人，包括行政、财务、保安、前台，还有客户、供应商，如果他们对你的态度都是友善的、合作的、支持的，会让你在一些具体的事务处理方面减少摩擦，提高工作效率，而不是被负面影响拖后腿。举个最简单的例子，如果你垫付了出差费用，财务不给你及时报销，你的现金周转就会陷入困境。

这些会对你的职业目标产生影响的人，有一个统一的名称，叫作 stakeholder——利益相关者。

这个名字和这个概念都非常有趣，也非常重要。英语 stake 的意思原来是指赌场里的筹码。stakeholder 的意思就是手握筹码的人。这些人的重要性、影响力、对你的支持程度各不相同，跟你的联系紧密程度也迥异，但他们的合力会对你最终的职场生活产生决定性的影响。

管理好职场中的利益相关者

管理职场上的人际关系，很大程度上就是管理你所在组织内部的利益相关者。

有了利益相关者这个概念之后，我们再把前面的问题结合起来重新审视，现在，小明可能会对关系排序做出一些调整。

一些人的重要度需要提升，因为他们对你的目标达成有最直接和重要的影响力。有的人原来都不在你的清单里，甚至甚少交集，从现在开始，根据你的目的，你要开始有意识去结交他们，把他们拉到你的关系网络中来。

比如说，小明的上司，在利益相关人的列表里，现在应该排在第一位，深入了解他的需求和管理倾向，按时并高质量完成他指定的任务，很明显是小明工作的核心，无论是升职、加薪还是得到公司的肯定，这个人是小明绝对绕不过去的关键人士。

排在第二位的，不再是同住一个屋檐下的好兄弟，尽管他提供了友谊和生活上的支持，但在职场上，他的影响力很小，将来还可能成为竞争对手，两个人关系过于紧密，没有太大帮助，反而可能会给外界造成他们是一个小圈子的印象，如果其中一个人工作出现问题，相应也会影响到另一个。

将好兄弟的位置取而代之的，应当是小明现在的项目组中一位老员工，他经验丰富，而且个性开朗，与人为善，从他身上能学到不少东西，遇到困难也能指望他的帮助。

第三位，前台小姐出局。入局的可以是行政或人力资源部门中一位有影响力的成员，他们目前和你的工作没有直接关系，但行政和人事部门往往和公司高层之间存在大量的互动，他们对一个新人印象如何，无论是有意反馈还是无意传达，有时候是神助攻，有时候是致命一击，全看你的经营和表现。

此外，有一些你无法在部门内部直接接触的信息和资源，如果你和其他部门的人关系好，很有可能从他们那里获取。

这里我不妨多说一句，说到职业目标设置这件事，很多人不以为然，但目标真的是所有行为的箭头，没有目标的行动难以产生作用。如果你含着金钥匙出生，家里资产丰厚，或者天生淡泊名利，只想好好享受人生中每一段经历，那么对利益相关者的选择可以跟我上面说的不同，也许前台小姐会飙升到关系重要性第一位，因为恋爱很重要，只要能追到心爱的姑娘，三个月换个工作又有什么关系呢？

锁定了利益相关人之后，现在请把这些人和你自己都想象成一颗颗棋子，你们身处同一个棋盘之中。

你可能会下国际象棋或者围棋，也可能只会下五子棋，但不管是哪一种，下棋的重点，就在于玩家必须对每个棋子的作用和走棋规则了解得非常透彻，才有可能在对弈之中运筹帷幄，攻城略地。

为了让大脑精确运作，下好职场这盘棋，你必须多问几个问题去收集更多信息，比如说，在你的利益相关者列表之中，每个人分处组织的哪个决策层面？他们的影响力有多大，影响辐射范围多广？他们对你的个人和工作，或者某一个你正在跟进的项目持有什么态度？支持，保持中立无关痛痒，还是很明显地对你有不满？

再往深里说，这些利益相关者他们之间的联系是怎么样的，是怎么互动的？

棋局上，棋子之间，彼此关系千变万化，或明或暗，棋子也一直在动，不会总是静止。

职场关系网络中的人也是一样，每个人都有他自己的利益相关者，他们之间不断在产生此消彼长的微妙变化，通过运作和努力，他们对你的影响力和支持度也会产生变化。

这个变化是往积极层面走，还是消极层面走，要看你的努力是否用对了方向。

没有经验的人很难回答这一系列问题，要准确地了解甚至预见利益相关人之间能量与关系的变化，难度就更大了，所以我在这里介绍一个管理工作关系的工具，叫作"关系坐标图"。

关系坐标图是由两个图表组成的。

一张是一个标示利益相关者的影响力和支持度的九宫格图表，叫作"利益相关者棋盘"。

另一个是利益相关者彼此以及与你之间的"影响力关系图"。

看到这里，你不妨稍微停一下，拿出一张纸、一支笔，来画一个图。

在开始画图之前，要做一件重要的事情，那就是把你的职场目的写下来。

写在草稿纸的第一行，尽量端正、醒目。

接下来，你要画一个九宫格，也就是一个 3×3 的网格，它的纵列代表了利益相关者对你的职业目标所持的态度，最底下一格表示支持度很低，甚至有可能是反对，而中间那格代表中立的态度，就像之前说的，无关痛痒，可有可无，最上面的一格代表的是支持。

而九宫格的横坐标代表利益相关者的影响力，由左至右，左边代表影响力比较低，中间代表影响力一般，而右边代表高。

我用一个具体的例子来说明一下如何使用这个棋盘。

假设你最近都在为一个项目工作，项目例会一直是每周三开的，但你一直都希望能够改到次周的周一早上。理由是项目执行过程中经常会有意想不到的情况发生，周三开会刚好卡在一周项目的进度中间，问题还没来得及完全暴露，制订新的计划又已经太迟。

而周一开会则可以规避这些问题，项目组成员可以把上周出现的问题集中讨论，得到解决方案，同时根据新的情况对这一周的工作计划进行更新，甚至做好备选方案，整体的项目进度就可以按照讨论的结果行事，减少被动的风险。

你有充分的自信其他人和你的想法是一样的，那么，要不要在大家开会的时候直接提出这个建议，希望得到批准呢？

在回答这个问题之前，想跟大家说的是，凭主观印象来猜测他人对某事的态度，随之做出决定，是一件风险很大的事情，无论在工作中还是生活里，都是如此。

"我以为"和"我猜"这两个思考的模式都非常不专业，而且会带来不必要的问题，因此要尽量去避免。

你应该做的，是首先分析在这个事项中，有哪几个利益相关者。

第一个是项目组中和你平级的成员 Tony 王，首先你和他谈过这件事，他的态度是支持的，因为他跟你有相同的诉求，往往一旦工作进度不尽如人意，最常需要加班加点擦屁股的人就是你们两个。但 Tony 王也和你一样，对这个提议能否通过可以提出意见，但没有任何决策权。

这位 Tony 王，会出现利益相关者棋盘的左上角，支持度很高，但是影响力很低。

另外一个同事叫作 Charlie 陈。Charlie 陈也和你平级，但资历很老，在公司很多年了，工作表现不错，项目出问题的时候，他也常常受到牵连，不过基本还是在他的可控制范围之内，而他的人生哲学是明哲保身，因此对任何变化的态度基本都是无所谓的，改就改吧，不改也无所谓。这样一来，他在支持度的位置，是在横格中间，与此同时，因为他是老员工，老板做决策的时候常常会咨询一下他的意见，所以他的影响力应该比 Tony 王来得高一点。在棋盘当中，你会把他摆在中间的位置，也就是支持度中等，影响力也是中等。

第三个人是你的直线上司 Yoyo 马，他的影响力毋庸置疑，可以放在最高的一格，因为他能够直接决定是否更改例会时间，但与 Tony 和 Charlie 相比，Yoyo 马的支持度位置是不确定的，因为你现在拿不准他对这个提议支持不支持。

既然你无法确定 Yoyo 马的态度，那么最好的办法，就是在提案之前，直接去跟 Yoyo 马沟通。

这种沟通可以是比较正式的邮件或电话，也可以是在比较轻松的场合快速发生的，比如说电梯里遇到的时候直接提起来，无论哪一种沟通，前提都是我们能够明确地传达想法，并且确保自己得到了所需要的信息，从而能够明智地计划下一步的行动。

这一点，不是只对上司，而是对每一个在棋盘里面的利益相关者，你必须真正了解他们的想法，每个人才能够被摆在一个符合实际的位置上。也许 Yoyo 马支持你，那么你现在手里握了一手好牌，大可以找到一个合适的机会就提议更改会议时间；也许他不以为然，那么你当然不能轻举妄动，而是要想办法改变他的态度，或者寻求其他方式改进工作效率。

（例）目标：把每周三的项目组例会改到周一早上

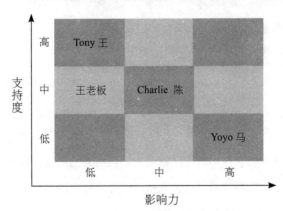

为了便于理解，我在这里所举的案例其实是非常简单的，只不过是改变一个会议的时间，在真正的工作里会有很多跨部门的合作，延续时间长，范围大，或者特别重要特别复杂的项目，会给你提出

难度大得多的挑战，但是，通过沟通了解对方所处位置，这个原则在任何事项中都适用。

相比利益相关者的态度，他们所处的影响力位置，通常可以根据公司组织架构图来分析和判断，也就是说他们处于什么职位，但职位并非衡量影响力大小的唯一标准，利益相关者的影响力会受到很多方面的影响，除了职位，还包括他们所拥有的具体权力，直接或间接调动的资源，是不是掌握了关键的技术，他们的资历、年限，和更高层或更资深管理者的个人关系，等等。这些元素都能够决定他们的影响力是低还是高，如果说你应当致力于改变利益相关者的态度，那么对于影响力而言，更重要的则是认识，因为和影响力有关的元素在短时间是很难改变的。

现在回到最初的九宫格，当你想要实现目标的时候，是不是要致力于让所有的人都移到高支持的位置里呢？

当然不是。

得到所有人的一致支持是非常理想的，但现实中这样的情况很少发生。

很少存在什么事是让每个人都满意或得益的，有赞有弹是常态，要得到所有人的支持，首先你就要去转换别人的态度，让他们从反对、中立变成支持或者是非常支持，这并不是一件容易的事情，你得为每个人的转变付出非常多的时间和精力。

问题在于，你真的需要这么大费周章，面面俱到吗？

回到核心所在：你对利益相关者进行管理，为的是什么？

为了实现目的。

目的在哪里，在坐标图上方写着呢。

到底是升职、加薪，还是下个月让项目结束。

我们管理关系是为了要达成这个目的，而不是为了让所有的人支持我们。

明白这一点是非常重要的。无论如何要记住自己的目的，以此来指导你的行为，否则无论你多么用力，都可能徒劳无功。

就像之前说的改变项目会议时间的案例，资深员工 Charlie 陈的态度是可变可不变的，那我们是否一定要说服他，让他对我们的提议非常支持呢？答案是否定的，因为没有必要。与其影响他，不如把相同的时间和精力花在上司 Yoyo 马身上，会事半功倍。

利益相关者棋盘能让你对不同的人所具有的影响力、态度，以及你对他们的期望都有所了解，不过一样东西在这个棋盘里面无法反映出来，那就是利益相关者之间以及他们与你之间的互动关系。因此我要引入另一张表来加强我们的分析，那就是"影响力关系图"。

我们还是像画利益相关者棋盘一样，先一步步画一下，首先把你自己和你要完成的目标写在纸张的中心部位，你可以写自己的名字，也可以用一个字母 I 来代替。

接下来，把利益相关者们根据日常工作联系的紧密度远近来进行摆放。

距离你最近的，是你在工作中经常打交道的人，你们相互协作或相互牵制，工作的进度和效率都对彼此有直接影响。

比他们外围一点的，可以是同部门不大经常打交道的同事，其他部门的人，包括公司的高层，你们之间工作的融合度比较低，但这些人可能跟你私交不错，偶尔会一起去喝一杯，或者相约吃个午饭。

最外层的，是理论上或在未来可能存在交集，但目前并没有什么接触的人，私交上也只限于招呼寒暄，没有什么进一步深入的需要和机会。

把位置摆放完毕之后，现在我们用几种设计好的标志来表达利益相关者彼此之间的关系。

第一个标志是粗细不一的直线，这些直线连接不同的人，你和其他人，以及其他人彼此之间，用于表达他们之间是否有联系，粗细程度代表联系是紧密的还是松散的，比如说你们在工作当中的接触很多，交换信息的量非常大，私人关系也很紧密，会常常一起午餐，甚至周末还互相拜访，带小孩子一起玩，这种关系用非常粗的线条表示，显而易见的是，线条越粗，链接越紧密，对方越容易因为你而改变想法，反之也是一样。

第二个图形，是带箭头的直线，用以表达关系之间信息的流向；比如双向的箭头表示你们是一个双向的沟通关系，一个箭头就是代表了单向的沟通关系。比如说你和同部门的同事之间肯定是一个双向的沟通关系，不管是上司还是下属，因为平时必须相互交换信息，共同完成工作。对于你们公司的 CEO 来讲，你和他的沟通可能就只是个单向的沟通，只限于偶尔他参与例会时，你汇报工作，而他平时肯定不会定期向你反馈什么信息。

第三个图形可以是一个方形、圆形或三角形，用于表示他们对你的支持度。比如态度中立的利益相关者，就用一个方形圈起来；支持态度的，用椭圆形；至于反对者，则放进三角形里面。

这样，利用线条粗细，箭头的方向和名字表现的符号，这张图直观地表现了利益相关者们和你相互之间的联系和互动关系是怎么样的。

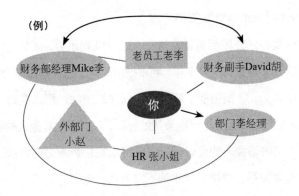

（例）

图做完了，那么，我们应该如何利用影响力关系图呢？

每个人的目的和关系图状态都不一样，无法做到面面俱到的分析，但有一些原则是放之四海而皆准的，比如说要善于利用强直接关系，以及尽量利用你的强间接关系影响力去得到直接关系的支持。

我们举一个简单例子来说明这一点，比方说你要代表你的部门去做一个本年度预算申请报告，其中关键的一环是得到财务部经理Mike李的肯定，部门预算方案才有可能最终从CEO那里得到批准。

很明显Mike李的影响力非常大，可惜的是你跟他平时没有任何接触，在影响力关系图上，你们没有直接链接。

如果你的关系图画得足够细的话，你可能会发现，Mike李的直接关系人里有一位David胡，是他的副手。David胡在工作上也和你没有任何直接接触，但你们俩在同一个健身房健身，经常遇见，偶尔还会交流一下公司的八卦和"撸铁"的心得，还算是投缘，因此他在你的关系图里，是比较强的间接关系人。

现在，你要找到一个突破口，去和间接关系人 David 胡产生更加直接的接触，很显然，从你的需求和 David 胡的财务专业来分析，你可以向他求助如何制定预算方案。

这样做的好处显而易见，第一，你可以利用 David 胡的帮助，把预算报告写得尽可能的专业，到审批的时候，过关的概率会提高；第二，如果 David 胡提前了解并且认同你的想法，那么在财务部内部讨论各部门预算时，他可能会帮忙解释，从而影响其他人的判断。

这个案例是经典的通过间接联系寻求直接影响力的做法。你可能对什么找关系、找路子这些词不以为然，觉得它们不光明正大，但事实并非如此，关系和路径都是中性词，目的和结果才有属性，不善于利用人际关系的交错实现正当的目的，并非高尚，而是迂腐或者天真，对工作和生活都没有帮助。

三步找回情绪自主权

压抑情绪不是高情商

人们对情商有两种非常基本的误解，第一种是认为高情商就是能够压抑情绪，喜怒不形于色，叫人看不透。

事实上，压抑情绪在生理上有百害而无一利。有一个心理学实验，让两组人分别观看一段容易让人愤怒不已的视频，研究者要求其中一组人尽可能压抑自己的情绪，另一组则可以以各种方法尽情宣泄。视频播放完毕之后，研究者测量两组人的血压心跳等生理指标，发现宣泄组的人各项生理指标都很正常，而压抑组的人普遍都明显高于健康标准，因此可以想见，很多疾病的产生和恶化都与情绪的压抑有关，当人的心情愉快时，脉搏、呼吸、血压、消化液的分泌及新陈代谢就会处于平稳正常的状态，反之则会失调。

否定情绪，就是隔绝内心感受，身心不一，自然难免影响沟通表达。那些在严苛的原生家庭长大的人，往往比较内向，很少发表个人看法，也不怎么发脾气，哪怕被惹怒了或者经受巨大的压力，也以隐忍为主。

负面情绪不经纾解，压抑日深，对人的生理心理影响都非常大，要么会在某个节点失控，要么导致抑郁，绝对跟情商高没什么关系。

第二种误解，认为高情商等同于俗称的见人说人话，见鬼说鬼话，八面玲珑长袖善舞，谁也不得罪，人人都喜欢。

费斯廷格是美国著名的社会心理学家，他提出过这样一个理论：当一个人同时经历两种或多种彼此不协调的心理过程时，会出现认知失调，它将导致不同程度的不适感和紧张感，其程度取决于该认知失调对你的重要程度。

一个人的性格内向和外向，各有千秋，在职业发展上其实没有绝对好坏之分。一般来说，内向的人思维缜密，计划性强，比较坚忍持久，而外向的人善于沟通，行动力强，遇事更容易变通。两种个性需要协作互补，确保事情进展顺利，但人们往往会参照外界或他人的喜好来决定自我。

比如说你的领导喜欢外向性格的人，而你刚好个性内向，你难免希望自己和对方步调一致，以得到更多赏识和认同，这是著名的镜像原理：人们会不自觉地去模仿对自己来说重要或者亲近的人。

这样一来，内向的人在工作场合中总是强迫自己在领导、同事面前"装扮"成一个外向的人，就失去了自我，时间长了，自然会陷入认知失调的状态。内心过多的矛盾导致焦虑甚至抑郁，会影响身心健康和人际关系质量，进而导致无法有效控制自己的情绪和行为，这不是情商高，而是自找苦吃。

三步找回情绪自主权

情商并非一个单一的概念，从学术的角度来分析，它有四个维度。第一个是自我意识。时间管理也好，亲密关系管理也好，职业发展管理也好，自我意识是必过的一关。你要对自己有清楚的了解和认识，优势、劣势、倾向、禁忌、价值观与习惯，都在这个范围之内。

情商的第二个维度是自我管理，它指的是能控制自己的情绪，保持自己表现的一致性，并且快速适应周围的环境。

要测量你的自我管理好不好有一个简单的办法，就是当你无法按照自己的日程或计划行动的时候，你有多大的概率发脾气，又会发多大的脾气。

自我管理好的人不容易失去控制，反之则一点就着。你要坚信，对于任何发生在你身上的事，你都有权利感觉和反应，管理情绪，不是因为有情绪是错的，而是为了减少过度情绪带来的干扰和消耗。

很多人非常容易受到情绪干扰，动辄大怒，或陷入消沉，激动起来如同置身于一艘失去风帆和舵手的破船上，而外界正刮起暴风雨，那种感觉是极其糟糕的。

情商的第三个维度是识别他人的情绪，也就是感受和理解别人感受的能力。我们日常所说的同理心、同情心都在这个维度上。

第四个维度则是处理关系，这个维度意味着你不仅仅需要感知，还需要管理和回应他人的情绪，这个过程中需要运用社交技巧和沟通技巧，与他人和睦相处，顺利地开展合作。

在这四个维度之中，认知能力和控制能力是情绪智商的基础。

最基本也最困难的是认识和控制情绪这个部分，它也是情商应用的精华。

要控制情绪，我来分享一个情商定位三步法，它对找回情绪上的自主权很有帮助。

第一步，为情绪命名。

情绪本身不可见，但可知，命名就是为了把虚无缥缈的感觉转变成可精准定义的概念。

每个人每天都会经历非常多不同种类的情绪，绝大多数是模糊的，一闪即逝的，或者是潜藏不露的。有一些尽管不明显，却足以影响你的状态。如果是积极情绪，你会感觉自己莫名其妙心情不错。心情不错就是一种感觉，至于这个不错到底是快乐、满足、期待还是安全感，就需要用语言定位。

如果是消极情绪，你会感觉自己心情不好，心情不好也是感觉，这个不好到底是忧愁、郁闷、羞耻还是内疚，也需要用语言定位。

有趣的一点是，你可能觉得自己的词汇量很大，其他事都能描述得清清楚楚，可一旦要描述自己的情绪，忽然之间就会词穷，只能进行笼统的归类。而有时候你读到一首好诗，或者一个精炼传神的语句，会怦然心动，内心受到冲击。很有可能是这句话点出了你一直郁藏于心的某种情愫，也就是说，他人用语言定位了你的情绪。毕竟，永无止境地挖掘与传达人类精神的丰富性，本来就是文学的魅力所在。

定位了情绪之后，第二步，是识别情绪发出的生理和行为信号。

情绪是无形之物，却会带来诸多有形的身体反应，甚至直接接管大脑，切换你的行为模式。每个人对这一点可能都有模糊感知，但除非造成严重后果引起持续警惕，否则很少有人明确关注这一点，更不用说提前防备了。

从生理上来说，有人紧张惊慌的时候会手脚发冷或大量出汗。行为上，有人一旦感到沮丧，就会本能地想要吃甜食，看到蛋糕就会走不动道；有些平常滴酒不沾的人，被不安全感控制的时候，会去主动买醉。

在这个世界上，什么事物和你最亲近？答案是你的身体。

你可能都没有意识到自己的情绪和行为之间有关联，但身体很诚实，身体会在第一时间做出反应。这也就意味着，控制情绪，首先要了解自己的身体。

真正了解自己身体的人不多，你需要不断探索、记录和比较。

当你愤怒，是不是会无意识之间就轻微伤损自己的身体？

当你感觉被羞辱，是不是就会上购物网站花掉毫无意义的一大笔钱？

当你有挫败感，是不是就会到处找人吵架？

这种记录工作可能一开始稍显琐碎，但其价值很快会显露出来。对情绪进行追踪和记录，如同收集邮票、观鸟或者研究植物，它不是迷思或猜想，而是一个学科，涉及各方面的知识。它可能很复杂，但并不神秘，管理情绪就是研修知识，可知可控，让人安心，即使过程旷日持久，但你最终会拥有自我管理的一把钥匙。

在了解了身体对情绪的反应之后，情商定位的第三步，是追溯导致情绪的原因。

比如说你经常感到烦躁，那是什么让你烦躁呢？你认为的原因和真正的原因，很有可能并不一致。

你有没有追溯过每一次发脾气的触发点到底是什么？它们是来自环境、他人的言行，还是某一件事的结果？你是否直接对这个触发点做出了反应，还是经过迂回，迁移到了另外的人或场景上？

尽可能深入分析事实的源头，能帮助你在未来加强对同类事件的认知和控制。

举个例子。你某一天早上出门，心情恶劣，见猫想踢猫，见狗想打狗，见到老板恨不得跟他大吵一架，拍桌子辞职。这明显是一个情绪低落的日子，全世界都对你不友好，让你不省心，但你显然不足以靠一己之力解决全世界，所以这个情绪低落会延续很久，直到被其他事情分散注意力或者自然消失。

这时候你不妨做一个事件回溯，看看你早上起来之后到出门之间发生了什么事。也许你捕捉到了一个细节，你的爱人昨晚回家喝多了，把脏衣服丢得满地都是，而就在三天之前，你还跟他严肃谈话，要他戒酒和分担家务，对方当时满口答应，结果现在就重蹈覆辙。

你早上可能忙着上班，对那些脏衣服只是扫了一眼，感觉并没有特别注意，但这个小细节影响了你，它改变了你情绪天空一整天的颜色。

因此，非要分析的话，你的心情是愤怒和怨恨，更深层次的是对感情关系的怀疑，对自己个人选择的怀疑，此后惹你烦恼的一切，都只是因为恰好出现在了你情绪的阴影之下。

要让心情好起来，你执着于去解决其他问题是没用的，所谓解铃还须系铃人，你必须尽快和爱人再一次开诚布公地沟通，要是实在受不了的话，简单粗暴一脚踹掉他也可以。明白了到底坏情绪来自何处，那就是冤有头债有主，不要带到工作里来，不要影响你和其他人的互动。

这样的糟心事如果再发生，你也会快速精准定位同类坏情绪，而后主动建起一个意识屏障，告诉自己这是私事，等下班再来处理。

情商三步定位法之外，管理情绪还有一个好办法，那就是定位和控制情绪阈值。

有的人情绪阈值很高，一般程度的事件，无法让他们的情绪有什么变化，哪怕是失业、离婚，或者要去参加一个很难的考试，他们都能从头到尾泰然处之，这样的状态可能是天生的，也可能是经过后天培训而来。

另一些人呢，冬天穿外套拉不上拉链这么小的事，都能让他们大为光火，游戏里同伴技术不行都能让他们生气到捶墙怒吼，这个情绪阈值显然就很低。

要是你很清楚自己的情感阈值在哪个点，你就知道遇到什么事情会让你大发雷霆，什么场面会让你陷入暴走状态。你要么就提前避开类似事件和场面，要么就及时寻求他人的帮助，用外界控制来帮你调节反应。

比如说，每次你辅导小孩作业都会血压升高，整晚上气得睡不着，尤其是辅导了数学之后更是怒气冲天。那你以后就要把数学作业交给其他人来管，要知道，年纪轻轻的，为了辅导作业气出脑血栓，那实在是划不来。

无论是管理情绪的三个步骤，还是对情绪阈值的了解，这一切都是为了让你了解自己的情绪，从而跟情绪和解。

讨人喜欢的四个"Don't"两个"Do"

高情商的好处，在实际应用中最重要的就是讨人喜欢。

被人喜欢超级重要，那不但会让你和其他人都心情愉快，还能像变魔术一般提高你的工作表现，你还能成为人际关系网络中的明星。

说到让人喜欢，最重要的是什么呢？

大部分人的回答是要长得好看，才华出众，或者有良好的沟通能力等等。

事实居然没有那么浅薄，加州大学洛杉矶分校（UCLA）的一项研究表明，在超过 500 个对人的形容词之中，人们选出来和"讨人喜欢"直接相关排名最靠前的词，跟刚才说的那些一点关系都没有，而是待人真诚、透明公开，以及理解他人。

我要跟大家说的 Don't 和 Do，是社交生活中应当遵循的一些行为准则，如果能够达成，也会让人们觉得你是"真诚""透明"，以及"理解他人"的。

Don't

1. 不要和人分享过多私人信息，不要太八卦。

对任何人来说，这个世界上最有趣的话题，当然是你自己，以及和你自己有关的一切，但其他人并不做如是想。

如果你总是津津乐道自己的私人事务，家庭生活，你的朋友动态，你和恋人的关系，其他人不但不会觉得大家亲如一家，反而会认为你非常以自我为中心，令人厌烦。

另一方面，要是你八卦其他人呢？内容是善意的、有趣的、积极乐观的还好，倘若你津津乐道的是他人的不幸或者错误，你的职业形象就会受到极大的损伤。

特定话题的八卦确实可以偶尔拉近跟一些特定同事的距离，但特定就意味着不寻常，你应当谨慎地筛选对象，也要筛选内容，即使如此，也是偶尔为之就足够了。

2. 与人沟通时尽量不要看手机。

如果你和其他人谈话，就把手机放下。

正式场合，比如说开会、培训，或者和老板汇报工作的时候，不但要让手机静音，而且要收纳在包里或者面朝下放在桌子上，除非有必要，并且双方都了解这出于必要，否则任何时候都不要接电话或者看邮件信息。

即使是非正式的场合，也要尽量做到不去主动关注手机。一边和人说话，一边回个短信或者浏览网页是极度失礼的行为，这意味着你不尊重和你谈话的人，也没把现在谈的话题当回事。这样一个小小的举动，可能会毁掉大量沟通才达成的良好氛围。

3. 不要在工作场合过于情绪化。

在工作场合大喊大叫、丢东西，甚至跟同事对吼，会将一个职业人士的形象分降低到难以想象的程度。因为情绪失控表示你的情商很低，行为上也很不稳定，无法被信任和依靠，任何上司都不会冒险把重要的事情托付给你。

剧烈的反应可能算是比较极端的情况，更加常见的是轻微的情绪外露。比如被老板批评，或者工作上出了什么问题。女孩子会哭，男孩子会使劲敲击键盘，小规模摔摔打打，或者关门的时候力气比平常大。

无论事实上这位员工是否受了委屈，老板的行为是否浑蛋，只要你有失控的表现，就会招致负面的评价。英文表达会说"Don't be such a baby."（别像婴儿一样。）人们总是会首先关注你不寻常的行为，而不会去研究事情的原因是什么。

4. 不要故作谦虚，实际炫耀。

自我满足之于人的自尊，就像燃油之于汽车，不可或缺，所以对此完全不必有心理负担，要坦然面对自己的需要，但要格外注意避免"谦炫"（Humble bragging）。这是低情商的典型表现。

什么叫作"谦炫"呢？意思就是内心非常渴望赞美，自我认知也很高，却故意要在言语或文字中表达反向的态度。看起来谦虚，实际上吹嘘。

比如说，某人对你抱怨："我天天吃沙拉好辛苦哇，没有美食让我生趣全无。"他真正的意思是："你看我生活多健康，我多有自制力，跟你们这些下午茶时间还点肯德基的不是一路人。"

再比如说，女孩子发一张自拍，衣服头发都精心搭配，经过了长时间的修图，配文却是："今天也丑丑的。"她真正的意思是："你看我多好看，可是我要求很高，觉得自己还能更好看，而且你们知道这一点。"

我们完全可以识别出哪些是真正的焦虑或自我审视，哪些是"谦炫"，这样的判断并非建立在一张图片、一句话上，而是建立在对他人日常表现，彼此互动经验的基础上的，这种做法强行索取他人关注，又刻意造成真实想法和语言表达之间的落差，会被看作是一种虚伪和自大的表现。任何时候我们都不要低估他人的判断能力，大家都知道你实际上在表达什么，一次两次还没关系，如果你常常这样做，就会破坏跟他人真诚沟通和合作的基础。

Do

1. 保持开放心态。

要想讨人喜欢，就要保持开放心态，让人感知到你不会拒人千里之外，让人相信自己的输出会被接纳。

开放心态要如何表现呢？

第一，当你和其他人说话的时候，不要预设自己的观点，应该像一个空瓶子接水一样，准备好去了解他人的想法，要知道没有人喜欢一边说话一边知道自己马上就会被反驳，更不会喜欢自己的观点被人轻视。

愿意了解和接纳其他人的看法，不表示你一定要认同，但如果连了解都做不到，你又凭什么去反对呢？

第二，要学会从语言与非语言的交流中发掘他人真正的意思，而不是拘泥于字面的表述。

比如说对方在跟你交流的过程中，不时看一眼手表或手机，哪怕口头说着慢慢来不着急，你也应该意识到对方或许有其他的行程安排。如果你对此毫无察觉，真的慢条斯理拉着对方继续长篇大论，沟通的效果反而会大打折扣。

在工作场合，开放心态意味着你更可能得到有价值的观点、信息以及做法。另外，能够最大程度减低人们对你的预判和戒备，从而促进双方的沟通。

2. 要尽量多问他人问题。

人际交往之中最大的错误之一，就是当你和人谈话的时候，你只关注自己接下来要说什么，或者对方说的东西对我来说是值得利用的，还是需要反驳的。

认真倾听绝不仅仅是听懂其他人说的内容，而是会有针对性地提出问题、挖掘细节、确认态度、反复论证，这些都是听的一部分。

一旦人们注意到你确实在认真关注他们的表达，并伴随着有效的反馈和思考，哪怕你和对方的利益立场是对立的，他们也可能会更喜欢你一点。

记住，问他人问题在任何场合都可以做到快速打开局面。对任何人来说，自己，永远是世界上最重要的人，对于那些对自己感兴趣和表示出尊重态度的人，我们会自然地摆出接纳态度，并且给予积极的回报。

3

提升个人品牌：
职业形象价值百万

功利阅读法：最短时间内获得最有针对性的知识

为使用而读书

　　每年新年伊始，微博和朋友圈上都有很多人给自己未来一年制定目标，其中出现频率最高的项目之一就是读书，而且往往会明确规定自己要读几本书，好像不读书或者不读完这么多书，就显得自己不长进、没内涵似的。

　　但等到这一年的年末，如果回头清点一下年初的目标清单，你同样会发现，那些以彻底失败告终的项目里面，读书也总是赫然在列。你可能买了不少，也下载了一堆，不过大部分连封面都没打开过。

　　阅读是成本最低，但收益最大的学习方式，没有之一。这事儿人人都知道，大家也都希望自己好好学习，天天向上。不过好处越多，难度就越大，阻碍阅读的因素也不是那么容易克服的。

　　最常见的因素是没时间。

　　大多数人的工作本身已经非常繁忙，到家的时候早就筋疲力尽，坐下来一点脑子都不想动了，只愿追追娱乐综艺，玩玩游戏，不要说看书了，光是想到那一页一页密密麻麻的文字，马上就头晕目眩，完全丧失了勇气。

另一个阻碍因素，是互联网时代才出现的，叫作信息过载。人类自古以来都饱受信息不足之苦，唯独到了现代，免费的资讯铺天盖地，实体书也好，电子书也好，车载斗量，无数倍地超过了一个人所能容纳的极限。

各种书单告诉你，这本书"风靡世界"，那本书"震撼全球"，你觉得哪本都好，不过呢，"买书如山倒，看书如抽丝"，你东看一本，西看一本，看完了，它们到底给你带来了什么？似乎把书一合上就记不起来了，跟不看简直也没什么区别，于是你扪心自问，我为啥要那么辛苦地看半天呢？

就因为这些困扰，很多人干脆放弃阅读，内心虽然不时有点煎熬，也好过肉体受苦。

从我的经验来看，这里并不存在一个非此即彼的黑白对立，阅读固有其难，但只要方法得当，阅读也可以很轻松，而且给你带来直接效果。

我把这个方法叫作"功利阅读法"，它有一个前提，就是不要把书供起来当神仙，而是拿起来当工具，要让书的存在服务于你的需要，为使用而读书。

五步阅读法

第一步，锁定阅读目标。

你为什么想阅读？

有人会说，因为想要学习和成长。

这是不是目标呢？当然是。绝对正确，十分巨大，相当空泛。

一般来说，越空泛的目标就越难实现，因为无从下手，也不知道如何去衡量结果。

目标设置有其章法，首要要求就是，不要什么好听说什么，更不能差不多就得了，你应当把目标简化成：在我真实的工作和生活里，我需要通过阅读来得到什么。

这就意味着，在你开始读书之前，要先做一件看起来跟阅读不相干的事，那就是先对自己的工作表现进行评估。

有的人在技术上得心应手，人际关系上却一败涂地。

有的人，能够在人群之中如鱼得水，时间管理方面却做得马马虎虎。

有的人一直在做一个类型的工作，知识渐渐老化，急需更新。

有的人呢，突然跳到一个新的行业，啥都不知道，要快一点通过自学来武装自己。

评估工作和生活，是为了发现问题，发现你迫切需要改善的方面，接下来的阅读目标，就应当和这些方面联系起来。

比如说，你是一个销售人员，主要服务的是企业客户，虽然很努力，但业绩一直不是很出色。

这时你需要仔细分析自己的情况，如果自己无法独立做到这一点，那么就去咨询你的上司，或者其他领域你信得过的导师，让明智的第三人参与到分析之中。

此外，分析的过程也要尽可能正视数据和量化的论据，不要被主观或者情绪化的观点牵着鼻子走。

进行确切的分析之后，你或者你的导师们可能会得出几条结论：第一，你在电话沟通和方案成型方面都很厉害，因此初期进展都很顺利，每次递出方案，几乎都能争取到拜访客户的机会；第二，你明显在面谈环节有困难，一到和人见面，你的表现往往就不尽如人意，不少订单都是在面谈之后局势急转直下，最后功亏一篑的。

结论叠加在一起，意味着什么呢？意味着面谈成交是你的短板，你应当有意识去加强和人快速建立起关系的技巧，掌控谈话走向和节奏的技巧，以及在谈判最后关头敲定交易的技巧。

学习这些技巧，就是你的阅读目标，你下一个阶段要读的书，都应该与此相关。

锁定阅读目标之后，第二步，是挑选书籍。

普通人选书的标准，一般来说都是随大溜儿，被广告营销和意见趋势所影响。你去书店逛一圈，看到什么书码在最显眼的地方，就想要看哪本书；广告语写得特别叫人心动，你就买上一本；或者某个大咖或名人强烈推荐，你就买一本，甚至平时不买书，突然大促销了，于是赶紧看哪本封面好看还打折就买哪本。

这种买书法除了拉动国家消费，对自己真的没啥用处。那感觉很像女孩子闭着眼睛买衣服，明明买了很多，早上还是对着镜子一筹莫展，感觉自己没什么可以穿。

功利阅读法的买书环节有两点。第一点是，不要买一本书看，而是要买一系列同主题的书来看。

在同一个主题之内，不同的书来自不同的作者，角度往往迥异，内容以及表述方法，其所运用的经验和案例也自然千差万别。

有一位作者想要研究工作和结婚这个主题，于是短时间内读了三本书：

A. 倡导保持工作与生活之平衡的书，作者是一位女性管理者。

B. 讲解如何与异性交流的书，作者是一位大学教授。

C. 提倡"让婚姻为工作提供助力"的书，作者是一对会计师夫妇。

三本书的作者由于各自的身份、立场不同，他们看待"工作与结婚"这一主题的角度也有所差异，看完三本书之后，这位作者在这个话题上，显然就有很多资料可供参考了。

学习就是这样，在一定程度上如同管中窥豹，要从无数个点切入，才能拼出尽可能完整的知识拼图。

电子书和实体书都可以买，看你的阅读偏好，电子书的好处当然是方便阅读、做笔记，留存和整理有用的信息也是随手可为，但实体书的好处在于更能带来阅读的情境，而且在书店现场翻开之后，大概几分钟就可以清楚判断这本书里的内容是不是合适你。

第二点是知道通过什么途径去挑选书。

假设你要买跟销售这个主题有关的书，你打开网站或者去一下书店，在售的书起码有三五十本，看得你眼花缭乱，翻翻这个，摸摸那个，好像都还行，那到底要怎么选择最合适的12本呢？

这里有几个小技巧。第一个技巧是多关注推荐书的排行榜，除了书店和网站的分类排行榜，还有报纸或者杂志新书推介栏目的排行榜。看这些榜单花不了什么时间，只要一开始找好关注的途径，日常有事无事看一眼就可以，对最近的新书和热门的书目保持基本的敏感度。

第二个技巧是在购书网站和社交网站上看书评，购书网站的书评可能会有一定的水分，社交媒体上读者们自发分享的书评则更加贴近实际情况，你不用去管这些读者们的品位和倾向如何，关注点要放在是不是有用上。

一旦发现评论很多都是比较负面的，特别是类似于"文字拗口看不懂""可操作性不高""逻辑不清楚，看不明白"，那么哪怕书和作者的名气再大，也可以果断放弃。

你我皆凡人，千万不要拔高自己的辨析能力。一般来说，大众感到满意，你感到满意的可能性就会比较高，反之亦然，没有必要去浪费自己的时间试错。

最后一个技巧，是使用关键词搜索网络，如果说前两个都是被动接收资讯，那么这一个则是你自主可控的。

用一个实际案例来看下整个关键词搜索的过程。

首先打开任何一个购书网站的首页，在搜索栏里输入你的目标关键词，比如说，销售技巧。

点下回车键，哐哐哐，屏幕上冒出一大堆各种跟销售有关的书。

不要忙着去逐本看，还没到时候，先保存页面就可以了。接下来变化或者扩展关键词去进行二次搜索，搜"销售破冰"，或者"销售成交"，或者"销售""谈判"，这一轮结果出来之后，再搜一次"成交谈判"或者"快速成交"这样的关键字，每次搜索之后都保存页面，最后交叉对比三次搜索的结果，一般来说，交叉对比后符合不同关键词条件的那些书，往往就是你需要的了。

有了阅读目标，找到合适的书之后，接下来第三步是开始阅读。

我最经常听到的抱怨是：一本书怎么看都看不完，在床头柜上放太久了，以致开始发霉长蘑菇，而功利阅读法的好处就在于，你根本不需要看完一整本书。

把你买到的书全部放在面前，先集中看一次它们的目录。

目录看完一遍，对于哪些书里的哪些章节跟你的阅读目标直接相关，你应该有一个大致的了解了。

既然如此，那就拿起你觉得相对最有意思，也最容易看下去的那本书，直接翻到对应的章节开始读就行了，不管是反复看一本书里的几篇或者几段，还是在不同的章节之间跳，不用想太多，也没有什么几页几章的硬性任务。你就简单粗暴地关注那些你想要了解和吸收的内容就对了。看完一本，再拿另一本，如果觉得雷同或者枯燥，放下挑另一本，就这么蹦蹦跳跳地看过去，全部相关章节看完也好，只看一大部分也好，都没关系。

有一个观念是书一定要精读，才能提高阅读能力和理解能力。这句话没错，但问题在于，你为什么一定要提高阅读能力和理解能力呢？

在什么都读不进去和非常功利化地去读自己需要的内容之间，我认为后者比较好，毕竟人们的行动一开始都是被直接需求驱动的，崇高的理念是文明进化的结果，约束力没有那么强烈。

原始人为什么要去打野兽、摘果子？因为饿。他不知道什么体质进化、种群延续的大学问，饿了就得出去找食物。你去读书，最好也是因为饿，读了如同吃了，给你带来好处，这样一来，你才会更加愿意翻开书本——翻开本身就是一件好事，开卷有益。

既然都开读了，是不是功利读书法就到此为止呢？当然不是。读书不管读多少，不管怎么读，只要你是带着明确目标去读的，读完就必须落实到利用上，所以功利阅读法的第四步，就是要制作属于你自己的知识地图。

知识地图，说白了就是做读书笔记，只不过我不需要你在阅读过程中做，也不需要一字一句写下来，因为那样的话，阅读速度很慢，阅读难度相应也就提高了。人是非常怕麻烦的动物，所以千万不要给自己制造多余的麻烦，看的时候就一门心思看下去就可以了。

读书笔记要在看完这一系列书的相关章节之后来做，首先要写的不是书的内容，而是你的需求点。

想象你在画一个地图，你在实际工作生活中的需求点如同地图上那些大致的框架和脉络，勾画出来之后，再往里面填山河湖海、平原沙漠，也就是你所阅读过的书的内容。

我继续用学习销售技巧这个案例来说明，身为一个销售人员，你很容易就可以整理出自己的工作，把它们分出几个阶段，可能第一个阶段是电话沟通，第二个阶段是递交方案，第三个阶段是面对面约见，第四个阶段是多轮谈判，第五个阶段是签约成交，最后售后跟进。

不同行业情况不同，可能有的行业销售流程只有三个阶段，有的有八个阶段，还会多出几个来，但万变不离其宗，都是有其规律可循的。

分好阶段之后，在每一个阶段里标出你的知识需要点，随后在一段时间之内，对照每一个需要点来梳理你看书学到的内容。

比如说电话沟通阶段，你需要学会如何给人留下正面印象，在谈判阶段，你需要如何应对对方的不合理要求；正在签约阶段，要怎么把价格控制在自己有利的范围之内。把这些对你来说有用的信息和技巧一一罗列出来，记不清细节是没有关系的，可以先记要点，细节部分再次翻开书来熟悉和巩固就可以了。

到这一步，你会发现你的阅读和需求之间已经有了直接关联，这时候恭喜你，我们终于来到第五步，也就是功利阅读法的最后一步了。首先在书上标记出你认为有价值的内容，用不同颜色的笔，也可以用贴纸胶带，标注出哪一些内容是马上就要用的，哪一些是值得了解，将来能提供帮助的，或者啥用也没有，你就是觉得跟人吹牛的时候拿来说说效果挺好用，那也算是一种价值。

标注完之后呢？记住，功利读书法，重在"功利"，所以请再次重点阅读那些马上就可以用的内容。如果有必要的话，回到这个五步法的第二步，去搜寻更多的书，更多相关的内容，以便快速扩充这些知识点的广度和强度，在地图上不断探索、蔓延、填充，这样两到三轮下来，你在这个主题上应当就是一个小小的专业达人了。

最后，把看到的总结出来的知识点用到你的实际工作里去，看看知识的力量到底有多大，这才是阅读的终极作用。

列清单：只过必要的人生

列工作清单，是职业生涯的第一步

说到做清单这个技巧，我是从职业生涯的第一个老板那里学到的。那时候我刚上班，职位是讲师，客户都是大公司，我的工作主要是准备课程内容，和客户保持教学方面的沟通，以及和公司销售定期交流项目的需求和进度，一天到晚还挺多事的。

我当时才 22 岁，除了自己的专业，其他什么都不懂。第一个月上班就天天加班，头昏脑涨，还干得很一般，经常一开会就发现自己这个没做完，那个没来得及开始，活得非常惊心动魄。

有一次会议之后，老板找我，劈头就问："你上了一个月班，说说看你都干了些什么，接下来应该做什么。"

我当时本来就够迷糊了，肚子还有点饿，差点脱口而出："接下来去吃猪脚饭吧。"

幸好我当时忍住了这句台词，不然可能会被当场遣散，你就听不到我现在跟你聊职场了。忍住之后，我就开始靠记忆结结巴巴地说之前一个月的工作，说着说着就会冒出一句"哦不对，还有一个项目没来得及跟进"，以及"哎呀不好，那个策划后来我做了一半实在做不下去了"。

现在想想，我还不如说去吃猪脚饭呢。

幸好我当时的老板非常专业，她听完我的汇报，没有劈头盖脸给我一顿骂，而是递给我一个巨大的笔记本，说："从今天开始，你要做的事，一条条列在这个本子上，列成一个事务清单。"

她花了一个多小时，详细跟我讲做清单的方法，在接下来的十多年里，每当有一个新员工入职，我就会给她一个笔记本，把我老板跟我说过的话，重复跟她说一次。

靠这个办法，我和我的团队在公司都出了名的靠谱，不会错漏信息，不会延误时限，很少盲目行动，"清单法"贯穿我们的职业生涯，是不可或缺的好帮手。

清单五步法

清单法，是所有提高效率的方法里最简单，甚至可以说最原始的一个。麦吉尔大学的神经科学研究证明，绝大多数人一次性只能记忆四件事，而你每天要做的事显然不止四件。列清单可以让你不用想自己必须要做些什么，因为已经全写下来放在你面前了，这就能让你专心致志处理手上正在进行的事务，对接下来要做什么也胸有成竹。

不过，随便写个清单可能人人都会，怎么做出有用的清单却有它的学问。有研究发现，63%的人会把待办事项拟成清单，不过同一份研究发现，列清单的人当中只有11%表示他们可以在当周完成清单中列出的工作。

要怎么样才能做出有用的清单呢？我来举例分享一个清单五步法。

假设你在一家小公司上班，因为公司规模不大，所以职能部门不完善，很多属于不同部门的工作会重叠起来交给一个人，那就是你。

你要为公司几位高层管理者安排他们的日程，也要为公司内举办的会议准备相应的资料和场地，此外还要协助人事部门做一些组织员工活动的工作。一上班就如同处身于庞杂事务的旋涡，被身不由己地一圈圈绕着往下拖，拖得筋疲力尽之余，整个人还很焦虑，总是觉得有什么事遗漏了，又总是发现事情做不完。

现在请换个思路来组织你的工作，第一步，写清单。

这步非常简单，是个人就会，写下来再说嘛。

中国人说"好记性不如烂笔头"，绝对是金玉良言，不过，我的方法里不是只写一个清单，而是要写三个。

从长期到短期，要先写一个月的事务清单，再写一周的事务清单，最后才是一天的清单。

这一步你要事无巨细都记录，事务排序则以时间为标准，比如说有个资料明天一早要发；有个会议后天下午召开需要事先安排媒体；周五总经理要出差，提前要安排好机票和酒店。这三件事在清单里会有很明确的先后顺序，它能确保你在工作上至少可以做到按部就班有条不紊，而不是顾此失彼手忙脚乱。

写完清单之后，第二步是整理清单。

写完月清单、周清单和日清单之后，你往往会发现，这三个清单中的事务，有一些是重复的，有一些是有延续性的，有一些则是大项目中的小项目，要分解完成的。

比如说在你的清单里，有一个任务是每个月 3 号，要帮人事组织这个月过生日的员工庆祝派对。

这件事会出现在你的月度清单里，也会出现在周清单里，也会出现在 3 号的日清单里，但它们在不同清单上所对应的具体工作不一样，对你执行的要求也不一样。

月清单告诉你这个活动的存在，周清单让你及时分配时间去安排场地，购买物料，发送通知，日清单让你确认当天活动按计划进行。

整理清单的作用是让你三个阶段的清单能够有机联系起来，每一天的工作都能落在整体规划里，这样除了条理有序之外，也会带来一定的弹性，比如说你在周计划里给了自己三天时间去订生日派对所需要的食品和饮料，哪怕遇到什么问题，也不至于会在当天才想起，然后匆匆忙忙冲出去采购。

整理清单之后，第三步是排序清单。

做清单的时候，大部分事务都是以时间排序的：这周做什么，下周做什么，今天做什么，明天做什么，这个小时做什么，下一个小时做什么。很清晰，但如果只有这个排序标准，你就一定会注意到清单上基本都是具体事务，你难免觉得自己像个工具人，心情倦怠不说，长此以往对个人成长也是很不利的。

在时间顺序之外，我建议你加入一个事务重要程度作为参考，延续上文的例子，你作为行政助理，天天忙事务，但你同时还想在一年后能够转职去做人事，这是你重要的职业规划节点之一，不容有失。

　　既然如此，你自然会知道，人事工作需要一定的专业程度，哪怕在一个小公司都是如此，于是这一年期间你必须要学习与之有关的知识，不管是通过阅读，参与培训还是读一个在职学位，全都需要时间和精力。

　　于是你必须把学习也放进清单里，确保它们得到执行，不能说今天太忙就暂时不管了，明天有点累就算了。重要性的体现，就在于时间和精力的分配，而不是只在意念中存在。

　　为了避免冲突，从现实角度考虑，重要事务在清单中的位置要配合时间顺序确定，做月清单和周清单的时候酌情排列，日清单留出空间时间确保执行。比如周三在三个会议之间你有一小时空余时间，三个会议属于时间顺序中的事务，而安排自己看 10 页跟人力资源有关的书，或上一节在线课，属于重要范畴中的事务。

　　所谓"人算不如天算"，无论我们计划得多好，时间线上都有可能出现突发事件，导致你的清单无法正常执行。比如说三个会议变成了四个，挤占了你原先安排给学习网课的时间，那么也不必沮丧，只要记得把网课的事项移动到清单的另一个方便的位置，比如说周末下午，再去执行就可以了。目标最好坚定，行动不妨灵活，要确保的是重要事务始终出现在清单上，而不是直接被挤了出去。

　　在清单排序之后，第四步是重构清单。

　　你可能看过不少关于做清单的书和文章，重点都会放在前面三步，让你努力做出一个看起来很美的清单，然后呢？就没有然后了。

　　清单之所以存在，是为了落实到执行，因此重构清单的时候要干脆利落地减掉那些自欺欺人、好高骛远的事项，看起来再漂亮都不行。

如果你老板让你写一个半年度工作总结报告，你两个月都没有动笔，却不断在清单里列出来这周或者干脆是今天要把报告写完，那么这个事项的存在除了徒增烦恼，毫无意义。

任何你在写下来就知道自己肯定做不到的事，统统不要放在清单里，清单是为了行动而存在，不是为了幻想或者自我安慰而存在。

你应当把写完报告这个事项，换成写完 1000 字的报告开头，这个事项是在你的能力范围之内和时间安排可能性范围之内的，你动手去做的可能性就会大很多。

减掉不切实际的部分之后，余下事务每一项的后面，都要加上预估需要时间以及完成期限。

设定期限的作用类似于一个监督员，可以让你最大限度不拖延和囤积工作。

科学研究告诉我们，人们对于自己写下来的承诺，重视程度远远高于口头，你给了自己时间期限，这个期限就会形成明确的提醒，让你自觉采取行动。

预估时间和完成期限之间，当然可以有一点时间差，为工作安排带来弹性。事实上也必须有一点时间差，每分每秒都无缝衔接的清单是非常危险的，而且也没有必要，毕竟你做清单是为了帮助自己，不是奴役自己。

重构清单之后，下一步，也就是第五步，清单复盘。

我们在做清单时，时间节点一般是：头一个月底做下一个月的清单；头一周周末做下一周清单；头天晚上做第二天的清单。

复盘也是同步的。

动手做清单的时候，就要对上一天、上一周、上一月的清单进行审视和回顾。哪些事项执行完毕，哪些事项在进行中，哪些事项被耽误了，要顺延或者取消，这些情况都会对你的安排产生影响，这些影响带来的变化，必须反映到下一个清单里去。

如果你小宇宙大爆发，提前两天完成了周末一个会议的准备工作，那第二天和本周的清单就要做相应调整，多出来的时间可以投入到挑战性更大的工作里，也可以用于自己的学习。如果某个事项严重延误了，你必须压缩接下来一系列的工作时间去赶上进度，而且要耗费时间和被影响的人沟通，这一切也要马上做相应的安排。

只做清单而不复盘和调整，就像买一件 80 厘米长的衣服，希望小孩子从 5 岁穿到 10 岁，是完全不可能的。

清单是动态的，不断变化的，就像你实际的工作一样，你要让两者融合和匹配起来，最大限度保证自己从容不迫完成任务，这才是清单的存在意义。

出位即上位：做好形象管理，向社交隐形人说"不"

职业形象，是你最好的名片

在 2017 年辞职创业之前，我对自己的形象非常注意，每天上班衣服什么颜色式样，首饰和包包应该配什么颜色式样，都很讲究，以至于每个月我出差到上海总部的时候，会有同事专门跑过来，看我今天穿什么。

我不但对自己，对下属团队也很注意。

多年前我开始管全国团队的时候，第一次出差到北京见团队的人。

北京团队很年轻，大多数是女孩子。说能干，都很能干；说模样，都很顺眼。但她们的穿着，让我当场大跌眼镜：有的走二次元死宅风，大 T 恤，牛仔中裤，戴个棒球帽，素面朝天；有的走可爱校园风，浑身上下都是小挂饰，一边跟人说话，一边手腕上戴的铃铛不停叮当叮当响；有的更过分，看样子好像头发三天没洗了，刘海贴在额头上，无精打采地坐在那里打哈欠。

我看了一眼，就问他们的团队主管，员工这个形象天天去见的是外面的合作伙伴、供应商，内部要协作的其他部门主管、经理，甚至总监，人家谁会把你们当一回事呢？

我于是就形象管理这个问题特意开会，足足跟他们说了两个多小时。

过了几个月，我又去了，一看还好，没白说，小朋友们大有改观，小西服、连衣裙，像模像样地，终于是上班的样子了。

我老怀甚慰，开完会请大家吃饭，有个新来的小实习生也去了，坐在餐厅里看看左边，看看右边，说："今天你们是不是都要去参加谁的婚礼呀，穿得好隆重哟。"

形象管理的内容后来一直是我们部门的新员工培训必讲部分，从入职就反复强调，我这么重视不是出于虚荣，而是有原因的。

中国人说"人靠衣装"，英文里说"You are what you wear"是同样的意思，绝大部分人在判断他人的时候，在最初阶段都是通过外观来得出结论的，哪怕放眼长期的相处，也同样会被形象不断影响观感。

第一印象也好，长期印象也好，都潜移默化在其他方面发挥作用，最终合力决定了你是不是被重视、被关注，也就决定了你在人群中的位置。

我之前的北京团队成员就是如此。她们的头衔是专员，本身级别并不高，但日常工作是和各个部门的管理者沟通协调，去安排各种品牌和会员活动。想象一下，如果你是市场部的经理甚至总监，看到一个戴棒球帽，穿大 T 恤、七分裤的人，过来跟你说："这个

300 人的活动我们做好了策划，想跟您聊一下合作。"你心里会怎么想？

第一，你可能根本就不愿意跟这么吊儿郎当，看起来很不职业的一个人谈工作；第二，就算谈了，你潜意识里也会认为她没有"话事权"，未必能把事情做好，这次谈话是不是有结果，无法引起你的重视。

你可能会说，如果我用事实证明了我真的超能干，能出成绩，能出成果，是不是就根本不需要顾及形象了呢？理论上来说，确实如此。就像 Facebook（脸书）的创始人扎克伯格永远可以穿 T 恤和牛仔裤去上班，去当重要会议的演讲嘉宾一样。但首先，你要成为扎克伯格；其次，就算是扎克伯格，去美国国会接受质询的时候，也一样要穿西服打领带，这个世界的法则就是如此运作的。

形象管理的"TOP原则"

要如何管理形象，让你快速获取关注，得到信任，在人群中变得耀眼呢？从基础到进阶，我来带你看一下几个关键点。

第一个关键点，基础的形象管理，是要确保自己的形象始终符合"TOP 原则"。

什么是"TOP 原则"呢？T 表示时机，O 表示场合，P 表示地点。

首先来看 T，时机。符合时机，最直观的当然是四季着装要有区别，这听起来好像简单得无聊，但如果你在大冬天，宁愿瑟瑟发抖也要穿新买的无袖连衣裙去上班，那完全有可能会被定性为虚荣，要风度不要温度。对一个职场人士，尤其是女性来说，并非正面的评价。

此外，所谓的时机，更多的是指那些你需要在工作中聚焦他人注意力的时刻。比如说你平时都是跟自己熟悉的同事在一起，不需要特别注意自己外观。但每个月一次开会有机会和大老板坐在一起，当天的着装就要争取最大限度的关注。或者是你第一次拜访一个重要客户，为了让客户对你刮目相看，除了要好好准备谈话的内容，同样也要格外注意自己的外观是否切合情境，令人重视。

接下来看 O，场合。这一点很容易理解，日常工作有日常工作的着装要求，化淡妆也好，休闲一点也没问题，如果你去开年会，年会要求穿礼服，你就要穿礼服，化艳丽一点的妆，显得你尊重和融入年会这样欢庆的场合。如果是户外团队建设，小裙子高跟鞋就应该收起来，我真的不止一次见到有女孩子穿凉鞋和裙子去团队建设，除了自己不方便，也轻易就营造了一种我不想融入团队，我不想跟你们在一起的隔膜感，以我对管理者的了解，看到这样的员工，心里总是有点嘀咕的。

最后一点是 P，地点。这一点很容易和场合重合，但也不尽然，比如说你做的是顾问的工作，要去客户的公司工作一段时间，平时你在自己公司可能不修边幅，穿夹趾拖鞋都没人管，但去了客户公司，人家都是西装革履，你起码也要穿个衬衫。有一些跨文化的场合里，如果你要合作或者会见的对象有一些禁忌，那么在别人的地盘上，你也要注意自己的形象是不是会冒犯他人。

尊重"TOP 原则"，时间地点人物，处处协调，其实就是与环境保持和谐，这是基础的印象管理标准。

要保持和谐，也要突出特色

心理学告诉我们，大部分人都有趋同心理，不喜欢和自己老是唱反调的人，以及完全不按常理出牌的人。别人不喜欢你，就意味着你不容易得到足够支持和资源。

要保持跟环境的和谐不是说要全盘抹杀你的个性和特色，在保持和谐的基础上，印象管理的另一个关键点，就是恰到好处地突出自己的个性，这个方面最好用的一个办法是标志化特点营造。

当你看到一个绿色水妖的形象，你会想起在星巴克喝咖啡，哪怕绿色水妖其实是一本神话书里的插图；当你看到红色字母白色底版的设计，你会想起可口可乐，哪怕上面的文字和可乐一点关系都没有。

这些就是所谓的标志化特点。

职业人士当然不是一个形象一成不变的商标，但从细节入手，你能为自己创造一个与众不同的点，不断展示和强调，最终它会变成你的另一张名片，比平常中规中矩的名片更容易被人记住，从而为你获取更多的关注。要知道注意力就是金钱，被人记住是得到机会的首要元素。

当然，你必须要确保这个标志化细节的特点是正面的、积极的，给人带来惊喜而不是惊吓。想象一下如果你的标志是不爱洗澡，一年到头身上都带着酸味，那这个特点还是不要了吧。

我以前有一个下属，这个女孩子非常喜欢丝巾，各种颜色、各种图案和材质都喜欢，无论哪个季节，她天天都会戴丝巾上班。

把丝巾围在脖子上各种戴法花样翻新就算了，她的丝巾还可以当手镯，当头巾，当腰带，当鞋子上的装饰，甚至用丝巾把一个普通的黑色通勤包全部包起来，变成年度新款。

她的这个特点变成了她的标志，很快就被人记住了。有一次另一个部门想要从我这里借调人去参加重要的项目，本来是随便我调配的，但对方就特别提起："哎，那个丝巾戴得特别好看的姑娘怎么样？找她行不行？"

老实说，她和其他员工在工作表现方面相比，并没有特别突出的地方，但这个机会就硬生生因为丝巾落到了她的头上。当然，这里有个前提，她的工作表现虽然不特别突出，但是合乎标准的，能够胜任项目要求的。我必须要强调这一点，因为好好做印象管理是为了锦上添花，不是围魏救赵。如果这个姑娘只会玩丝巾，工作一点不会，那不但没有额外的职业发展机会，还会被劝退——干脆转型去当时尚博主不也很好吗？

形象标志化特点可以是穿着和外形，也可以是行为习惯。

一个人如果始终不断有意识地去帮助他人，给自己贴上热心、慷慨付出的标签，或锻炼自己的公众演讲技巧，争取去主持公司各种内部活动，为自己贴上业余金牌主持人的标签，甚至主动给大家开一些小的培训，为自己贴上信息达人的标签，都会让你自然而然得到更多关注。

角色定位，形象管理最后一步

最后一个形象管理的关键点，是要对自己的形象进行主动设计。

美国社会学家戈夫曼有一个戏剧理论：社会是一个舞台，每个人都在舞台上扮演不同的角色，不同角色有不同的服装化妆，不同的台词，和他人互动时有自己独特的行为，而且每个角色都带着自己的目的。

这个理论的意思是说，没有人的日常行为全盘出于本能，都是根据环境和他人的需要而来的。

站在这个理论的基础上，当你考虑自己应该有什么样的形象时，首先要考虑自己想要扮演的，或者需要扮演的是一个什么样的角色。

当你初入职场，你扮演的是一个新人的角色。

你在设计角色的时候，想一想他应该具备什么特点，合群的、好学的、愿意和团队协作的，还是桀骜不驯的、好斗的、特立独行的呢？

当你升职了，面对自己的下属，你要扮演的角色是一个管理者，你在设计这个角色的时候，特点又是什么呢？是乐于沟通的还是独断专行的？是有权威感的还是平易近人的？

你对角色的认知会决定你的言行举止，同样也会决定你的外在形象，你对这个角色想得越细，定位越准，你就越能让它在职场的舞台上发挥得好。所谓"磨刀不误砍柴工"，角色定位，是形象管理的第一步。

多说一句，都说职场上的形象管理很重要，那为什么经常会听到人开玩笑说"同事不是人，见人才化妆"呢？

说起"同事不是人，见人才化妆"这句话，简直就是我创业后的写照。我在大公司上班的时候，真的非常注意形象，可自从开了自己的公司，就每天穿运动服和球鞋去办公室，下班直接跑健身房，连衣服都不用换，我的合伙人说我："人家创业是放飞自我，你是放弃自我。"我的回答就是："自己人面前反正都没形象可言，穿什么都一样。"

当然了，如果是需要见合作伙伴，出差出席活动或者拜访客户，我肯定还是会人模狗样出现的。为什么区别这么大？单纯从工作来说，这里涉及的是一个"利益关键人"的问题。

"利益关键人"这个概念之前在职业关系管理里我提过，对你来说，不同的人在你的工作里扮演什么样的角色，基于你想要从对方身上得到的利益，决定了你要在这个人面前所具有的形象。

一般来说，你在家人和很好的朋友面前，外表形象往往是最随便的，因为你和他们的主要关联在于私人感情，和家人是血缘那不用说，和朋友的感情也一定是通过比较长期的相处，相互了解之后才建立起来的。一旦这个关系建立之后，除非你发生天翻地覆的大变化，否则日常生活里你涂不涂口红，衬衣有没有熨得平平整整，他们对你的评价该怎么样还是怎么样，基本上不受影响。

但工作上的关系，往往是有高度目标性的，而且你的目标还都不一样，因此你的形象必须要随着目标的变化而变化。

比如说穿名牌。如果你带团队，是老板，那你穿名牌而下属穿大众品牌，是很合理的。因为在下属面前你要建立的是权威感，你要有效管理他们，一开始就需要从外表上强化你领导者的形象。但如果你是下属，你老板穿"蔻驰"，你非要穿"香奈儿"，那别管你买衣服的钱是老爸给的还是老公给的，你都会为自己带来不必要的关注和猜测。"You are what you wear"这话不假，很难想象穿 3 万元一条裙子的人，会发自内心地愿意做 5000 元一个月的工作。

回到问题本身，"同事不是人，见人才化妆"，这句话虽然是开玩笑成分居多，但在一定程度上说明同事之间的关系是低竞争、低紧张度的，每个人都各司其职，不会有太尖锐的个人利益诉求。如果你留心的话，会很容易发现，销售类团队的员工竞争很激烈，有鲜明的得失对比，一般都会格外注意自己的外观，无论对外对内都是这样，但办公室文职的团队，彼此协作比较多，容易建立私人感情，往往大家都不怎么在乎今天穿什么，穿什么都是为了自己高兴和舒服。说白了，你需要成为什么，你的形象就应该是什么，就这么简单。

完美人设：建立优质个人品牌的三个关键词

个人社交媒体：职业形象助推器

说个小段子，我曾经有一位同事，叫David，是个二十七八岁的男生，外观形象言行举止都很有职业风度，在公司里也相当受老板青睐。

他在公司待了三四年，每年考核出来加薪幅度都排在前面，年会上个人颁奖也总是有他的名字。我跟他的直属上司关系比较好，偶尔聊起，他上司的评价是：这位员工其实业绩不算最突出，但学习意愿强烈，会花很多时间钻研业务，而且工作非常努力，经常不声不响，自愿加班。

对于管理者来说，这样的员工值得长线培养，因此往往会给他比别人更多的机会和注意力。

后来有一次我跟自己团队开会，有一位员工Linda是刚从市场部调职过来的，会上不知怎么提起那位同事，Linda嘴角往下一撇，当场说："老板，你不会也上他的当吧？那哥们儿就是会秀，会在领导面前来事儿，活儿其实都是其他人干的，我们可烦他了。"

人跟人之间有各种差异，当然有处得来的，也有处不来的，看样子 Linda 和 David 那是相当处不来。我没把这事儿放在心上，结果 Linda 会后来我办公室，对我说："老板，我刚才可能多嘴了，不应该在背后喷别人，但我真的不是瞎说的。"

她把自己手机拿出来，打开 David 的朋友圈，大多数人的朋友圈都是三天可见，最多半年可见，这位是全部可见，一点不藏着掖着。大部分内容都是分享专业文章，读书感悟，工作心得笔记，很吻合他的上司对他的描述。翻到三个月前发的一条，图片上是空空荡荡的办公室全景，发图片的时间是深夜 12：45，配图的文字只有一句，写的是："又是战斗的一天。"

不等我看完，Linda 就气哼哼地开喷了，说 David 那天根本就没有加班，加班的是 Linda 和其他两个同事。David 家就住在办公室附近，到晚上 12 点多的时候，他拎了一个小蛋糕美其名曰回办公室探班，拍了几张照片就走了，估计刚出门就发了朋友圈。

第二天老板先看到他的朋友圈，再看到工作成果，两下一结合，不问青红皂白，当场就把功劳安到了 David 身上，把其他在场的人气得牙痒痒。

我听完之后，叫 Linda 把她的朋友圈翻到同一天给我看，好嘛，她也发了，发的是大头自拍，滤镜加十级美颜还有可爱的兔耳朵，三管齐下。光是看，可能连 Linda 的亲妈都看不出这是谁，配文也很少女心，写的是"单身狗爱兔兔"。发的时间是晚上 11 点多，正好是加班加到歇斯底里的时候，她说她正好去洗手间，拍个自拍换换心情。

从我的角度来说，反正是很难把这张照片跟她努力工作联系到一起的。我问她，这么发主要是想给谁看哪？她很茫然，说朋友圈，给朋友看的呀。我哭笑不得，问："你朋友圈分组了吗？" Linda 反问我："为什么要分组哇？"我就没脾气了。

作为一个格物致知的人，我后来去对 Linda 和 David 之前的工作都做了一个详细了解。很公平地说，David 的实际工作成绩在及格线之上，没有 Linda 说的那么糟糕，与此同时他非常善于经营社交媒体，这方面绝对是高手水平，在潜移默化之中，他把自己七分的表现，硬生生在老板的心目中提高到九分。

Linda 呢，刚好相反，工作表现可以说有九分，被感知到的却只有七分。她平常就不怎么和老板直接打交道，认为工作就是工作，做了就行了，明眼人自然会看到，更不用特意在社交媒体上敲锣打鼓。朋友圈她想发什么就发什么，甚至有时候跟男朋友闹别扭，还在朋友圈指名道姓骂人家两句，像个小孩子。

如果把人比作商品的话，David 的特点是产品质量合格，不算出众，但品牌效应深入人心；Linda 的特点则是产品质量过硬，但品牌默默无闻。一对比就知道，即使看起来不那么公平，但 David 的做法才能让自己利益最大化。

人设不能塌：三步打造完美社交媒体形象

做好个人品牌，社交媒体运营是必不可少的一环，具体要怎么做呢？我分享几个关键点给你。

首先第一点，也是最基础的一点，要把社交媒体当作工具，而不是玩具。

把社交媒体当玩具，那是不需要考虑任何目的和结果的，瞎玩就行了。想发就发，不想发就不发，想什么时候发任何东西，都随心所欲，任意而为，自由是很自由，但没啥用处。

当工具呢，就要去研究它的特性、使用规则和技巧，让社交媒体为你的职业发展带来助力。社交媒体不是单纯的私人领域，有数据表明，在招聘关键员工的时候，有超过 85% 的企业会利用社交媒体去搜索候选人发布的信息，以此来判断对方是否符合自己的要求。

我有一个学员，今年年初的时候去应聘一家非常好的企业，那个职位比较热门，他的资历相对来说没有什么竞争力，他自己都认为肯定第一轮就会被刷下来。

结果面试之前，对方的人力资源部门例行公事查阅了他的社交媒体内容，发现他在微博上很活跃，是一个热门话题的主持人，而且各方面都运作得井井有条，对微博的生态非常熟悉。企业方正好需要扩展新媒体运营，于是主动给了他另一个和新媒体运营有关的工作机会，现在他已经入职，干得也很好。

在这个案例里，社交媒体被默认为是一个人的电子绩效留影，它的可回溯时间很长，不容易伪装，细节丰富而且多元，能够充分展现你的价值，可以是他人了解你最直接最真实的一个渠道。

第二点，要对不同的关系人群，发布不同的社交媒体内容。

使用工具都有其目的所在，也就是为了影响他人，不过他人不是一个单一的存在，每个人身边都围绕着数量不等、属性不同的群体。在职场上，以你和他人之间的关系强度为横轴，以对职业的影响力为竖轴，可以区分出四个不同类别的人际关系群体，请对照下方的示意图来查看他们的不同特点。

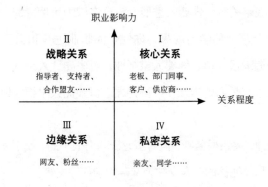

首先关系很紧密，同时对你职业的影响力也很高的这个类别，是你的核心关系。你的老板、本部门同事、客户还有供应商，这些人跟你打交道很多，朝夕相处，对你的职业发展影响也非常直接。

对核心关系，你要尽可能多展示你的职业精神和归属意愿，简单来说，就是要表现出你敬业爱岗、积极向上、爱团队、爱公司的一面，听起来很俗气，但俗气的往往就是被普遍接受的。想一想如果你是老板，有个员工每天在朋友圈哭着喊着不想上班，难道你还会很想重用他吗？

第二种，关系没有那么紧密，但对你职业影响很大的类别，是你的战略关系。

没有直接合作，但有潜在影响力的指导者，你在其他部门的支持者，你项目的合作盟友，都属于这个部分，他们和你日常联系没有那么多，可是在关键时刻可以对你的工作产生很重要的作用。

比如说你第一份工作跟的老板，已经不共事很久了，但你想要跳槽的时候，他听到消息，可能就冒出来助你一臂之力，帮你进入更好的公司，这就是典型的战略关系。

对于战略关系，你要着重展示自己有潜力可期待的一面，最简单的就是分享你的学习成果，你的点滴职业进步和自己的前景规划。这个道理很简单，你要人家帮你，首先要让人家认为你值得帮吧，锦上添花是人的本性，你得持之以恒地让人家相信你确实是块锦绣才行。

第三种，关系很紧密，但对事业影响力很小的，属于私密关系，包括血缘和以纯粹的个人交往为基础的亲朋好友等。

对这个关系群体的人，一般来说，想发什么就可以发什么，以感情为基础的关系包容度是最大的。不过，哪怕再亲近再熟悉的人，也要有一点社交媒体上的礼仪，掌握分寸。比如说你有孩子了，在朋友圈晒娃，晒一次，大家都纷纷点赞，夸赞宝宝好可爱，你当妈妈如何当得好。你要是一天晒18次，那再好的朋友也有冲动把你拉黑——你的孩子只有你自己无条件喜欢，你的自拍只有你自己反复会看。这一点务必要记得。

最后一个领域是边缘关系，关系也不紧密，对你影响也不大，但每个人的通信录里都有很多，比如某个会议上认识的其他行业人士，莫名其妙的微信群友，网络上的粉丝，等等，这些人建议直接屏蔽。要从他们里面筛选有效人际关系太费力了，得不偿失，而且有个人隐私泄露的风险——并不是什么人你都要去影响和经营的。

要提醒你的是，不管你在不同人群面前发什么，都要跟你的真实状况基本一致。

你想要建立自己形象的多元性和可塑性，可以对不同兴趣偏向的人群进行有针对性的展示，但刻意欺骗就完全是另外一码事了。纸包不住火，欺骗无法长久，迟早会造成非常恶劣的结果。

运营社交媒体建立个人品牌的最后一点关键，是要注重人设，在此基础上持续发布内容。

人设这个词的完整说法，是人物设计，原本是形容动漫、小说、漫画这些作品中对虚拟角色的外貌特征、性格特点的塑造，现在用来形容公众人物面对大众所保持的形象，比如说某个明星是暖男，某个演员是学霸，某个女明星是傻白甜，另一个是高冷宅女。

对普通人来说一样存在人设，那就是你希望自己在外界呈现的形象。对不同的关系人群，你有不一样的形象，因此你发布的内容就要有意识去形成和强化它，不要过于分散，不要偏离主题，更不要自相矛盾。

拿我自己来说，我是一个作家，我在我的业界同行、出版商还有读者这个核心关系人群面前，应当着重发布读书心得、写作技巧、人生感悟之类的内容，这个群体普遍认为我既然写书，就应该有文化，多看书多思考，如果我天天炫富或者表现出虚荣心，说今天我买了一个很贵的包，明天去参加了游艇派对，就偏离甚至违背了我应该有的形象。当然，如果你看我的朋友圈，可能发现我其实并没有身体力行，我还是发自拍比较多。

说到持续性运营社交媒体，就像一砖一瓦建房子，要耐心而且坚持。不管什么信息，你都不可能发一条管三年，社交媒体上的信息永远是在下沉的，人们的注意力变化之快，超乎想象。

在坚持人设的基础上，你要用不断叠加事实来加固个人品牌，让丰富的细节层出不穷，以此持续吸引他人的注意力，影响他的看法，改变他的观感。

你发一个公益信息出来，没人就此会认为你心怀慈悲，兼济天下，是个好人。但如果你平均每周都有一条这样的信息，这些信息就会自动转化拼图中的碎片，为你拼出一个好人的形象。如果你知道自己的职业目标是什么，又能针对这个目标持续去生产这些碎片，渐渐地，你的个人品牌就开始成型了。

4

职场沟通：
女性可以成为更好的
领导者

高效表达：最快实现职场目标的
三个模型

SCQA模型：让问题飞一会儿

很多人会认为高效表达来自口才，其实未必。真正能让表达直击目标的，往往是设计和调用合理的表达结构，说通俗一点，就是用套路。

首先，我们来看一个叫作 SCQA 的模型。看名字就可以一目了然地知道，这个模型的名字是四个英文单词的首字母组合在一起得来的。

S（Situation）情景——在表达的开头，用一个情景、事实引入话题，这个情境或事实往往是大家都比较熟悉的，无论是事情本身或事情的背景都是如此，这样的切入最容易引起他人的共鸣，从而产生代入感。

很多文章，不管是半广告性质的公众号文章，还是严肃的调查文章，在宏大叙述之前都会截取一个最有日常质感的片段来开场。第一时间黏着阅读者的兴趣，让他们能够轻易理解，可能是一个包含一系列剧烈变化的惊险时刻，也可能是一个人在艰难抉择时的心声或表情，或者一处奇妙得令人无法忽视的景象，这些元素在读者的脑海中形成具象的现实情境，从而带来代入感，使人聚精会神继续往下读。

这个任务完成之后，下一个阶段是 C（Complication）冲突，无论人们在谈论经济局势、项目前景，还是个人的愿景，世上没有十全十美的事，因此所面对的实际情况和要求或诉求总是有冲突，而这个冲突往往也与事件开头所描述的情境或事实有直接关联。

关联可以是顺势的，也可以是反转，但无论是哪一种，都是自然存在的。

一旦有了冲突，再接下来，就要提出疑问，Q（Question），如果我们的要求或者诉求是明确的，而冲突又是切实存在的，那应该怎么办呢？

既然有了问题，顺理成章，当然要给出答案 A（Answer），要去说明我们的解决方案是什么，这里的解决方案可以是一种产品——很多广告都是这么做的——或者一个理念，很多宗教流派是这么布道的。无论是产品还是理念，答案这部分，往往是整个表述要表达的中心意思。

我用一个完整的表达案例来说明这个模式的应用。

假设你的身份是项目管理者，有一天你去参加一个重要的项目会议，会议的气氛很热烈，你老板也跟着头脑发热，他提出：项目组要在 100 天内取得重大突破，其他人也纷纷表示赞同。

你作为第一线的专业人士，内心知道这绝对没有可能。此时一声不吭危害甚大，保不齐你就要成为那个擦屁股的人，而且怎么擦都擦不干净，但你也担心，气氛这么热烈，要是你站起来说不行，又没法说服其他人的话，就会成为众矢之的，黑锅你背定了。

这时候调用 SCQA 表达法就很合适。

首先你可以从一个其他类似情况的项目入手，说："去年 6 月咱们在北京做的那个 ×× 项目，不知道大家还记不记得。"

这个项目最好是大家都比较了解的，出现的问题也和今天的项目情况比较接近的，比如说同样因为计划太紧，导致烂尾或者结果不佳，这样你就能顺理成章引出一个计划与实际进度之间存在的矛盾。这是 S 和 C。

接下来提出疑问，如果我们这个项目也遇到这种情况，应该怎么办好？这是 Q。

在这个节点上你不必一定把所有话都说完，而是停顿下来，让问题在空中飞一会儿，用这个时间来等待其他人说出他们的看法。如果场面比较沉闷，你也可以主动去引导一个讨论，让大家共同努力去对项目做更深入的分析，这个部分是 A。

在问题和答案之间做一个停顿，是很有效地避免冲突的沟通法，前提是你前面的内容设计是合理的，也就是说，你的情境有说服力，能够引起共鸣，随后引出的冲突也合乎基本逻辑，能够轻易让别人有所体会。

最高明的沟通不是让其他人相信你是对的，而是让其他人主动说出你想要他们说出的话，将你的想法呈现为所有人的想法，才会最大限度被人接受。

ABC结构：事实+分析+行动

结构表达法很适合做公开演讲，或者会议发言。另外有一种ABC结构，则适合用在日常生活里。

ABC表达法是事实、分析和行动三者的比喻，它的运用可以总结为以客观事实为依据，以分析为思维输出形式，最后的落脚点在行动。

这里的事实有多种呈现形式，可以是信息，可以是数据，也可以是图表等。

比如，你可以这样说："目前的情况是×××，经过分析，原因可能有×××，为了解决问题，我们这样做。"

日常生活中使用ABC表达法最典型的一个例子就是，你早上准备出门上班，你妈妈看了一眼天上的乌云，然后对你说："今天全是乌云，还有闪电（事实），很有可能会下雨（分析、结论），你要记得带伞哪（行动）。"

善用结构之余，高效表达的最后一个关键，那就是不止表达，表达一定要以推动事情发生作为结束。

我以前在大公司里工作，每个月要去总部开会，每次我最害怕的事情就是经过几个小时长篇大论的讨论之后，主持会议的人宣布说，今天咱们讨论得很好，下周我们约个时间继续讨论今天得出的结论。

我对我老板说，你要是经常让我来开会的话，我可能会把会议室的桌子掀掉哟。

老板说，桌子很贵，你不会掀的，相信我。

这种说很多、没结果的状况，在每一家公司、每一个组织里，几乎都会有。为了解决一个问题，两个人或更多人聊了一大堆，可能大家想法一致，也有可能各自都花了很多精力去表达和说服对方，总之，到最后总算是愉快或勉强地达成了一致。

你愉快地结束了沟通，等待行动或者结果，可是时间慢慢流逝过去，一切都没有发生，而需要解决的问题呢？它是不会自己消失的。

为了避免这样的状况，在你表达的时候，无论是为了给予建议、表示反对，或者建立关系，在表达的最后，都要加一个"推动"（Push）或者一个"触发"（Trigger），去促使行动发生。

推动（Push）

什么叫 Push 呢？是你推动其他人去做什么事，如果长篇大论说了半天，却没有这个"Push"，那么一切可能都会停在意念里。Push 的关键元素是时间、地点、人物、标准，也就是构成行动的元素。比如说你跟你一个管项目的下属说，他老是不做预算，导致了一定程度上的财务混乱，所以做预算是很重要的。他对此表示深深的歉意，保证以后一定改进，那么这时候你是不是就可以满意地让他走了呢？

当然不行。接下来你一定要要求他在下周五下班前，按照某一个模板，用邮件把下一个月的预算细则表格发到你的邮箱里，之后每个月都要交一次，否则扣工资。不这样做的话，下一次他还是不会交给你预算表，财务情况还是会不明不白。

　　放在家庭生活里也是如此。比如说你爱干净，而你伴侣比较邋遢，你可能三番五次对他表达了你的不满，表达的时候也很有技巧，情绪也控制得很好，你男朋友也很诚恳地表示以后会特别注意，但一年过去了，他该怎么样还是怎么样，而你越来越生气。

　　这时候你去想一想，你可能缺乏的就是那个行动上的"Push"。你没有跟他商量和决定好谁拖地、谁洗碗、谁倒垃圾、怎么轮换、怎么考核……这些能够落实下去的细节，也没有说清楚做不做分别有什么结果，所以说来说去，只能走心，不能走手，他可能记住了，做起来还是没章法。

触发（Trigger）

　　"Push"是推动他人，触发"Trigger"则是自己做出反应，从而触发其他人的行动。Trigger同样需要时间、地点、人物、标准，只不过是用在你自己身上的，这种情况往往发生在你需要主动去推动某件事，或者你需要让某件事按照计划发生的时候。

　　说出来，做得到，这才是高效表达。否则就像一条腿走路，再努力也是走不快的。

化解冲突的核心是解决问题

冲突在我们的工作和生活里不可避免，它显然无法让人心情愉快，也没人喜欢冲突，但这不代表它的存在没有意义。

冲突最显而易见的结果，就是让人肾上腺素飙升，要么逃避，要么战斗，这是我们的本能反应。这时候很容易就会脱口而出火药味十足的话，可能既不顾及逻辑理性，也不在乎对方感受如何。

这样的例子随处可见。

你与合作伙伴在公司的重大决策上发生分歧时，你说："你对公司的业务一窍不通，你根本就不懂公司的难处，我当初选你当合伙人真是愚蠢至极！"

当你的伴侣没能按照事先的约定完成某件事情时，你咆哮不止："说好的事情你总是忘记，说明你根本就没把我放在心上，我真是受够你了！"

你跟自己的父母发生争辩时，他们认为你太少回家，太少打电话给他们，你却觉得他们不体谅你，于是张口就说："你们只知道要我陪在你们身边，如果我整天陪着你们，谁来挣钱养家？谁帮我还房贷、付车贷？你们可以吗？"

这些言语和场合都不让人愉快，而且还会留下长久的负面影响，因此很多人下意识地逃避冲突，但这种消极的态度其实往往于事无补。

冲突，来源于彼此的不同

冲突，能够让对立双方更加了解彼此，也可以帮助人们找到一个尖锐对立问题的解决方案，前提是——你懂得如何面对和解决冲突。

首先，我们不应该把冲突看作是一个零和游戏，零和游戏属于博弈论中的一个概念，指的是参与博弈的双方，在严格竞争下，一方的收益必然意味着另一方的损失。就像《红楼梦》里说的"不是东风压倒西风，就是西风压倒东风"。博弈各方的收益和损失相加总和永远为"零"，那么就不存在合作的可能。

你要明白一点：现实生活中你跟人产生冲突，往往不是因为得失或对错，而是来自我们与他人之间的不一致，不一致才是导致问题的根源。

哪些方面会导致你和其他人之间的不一致呢？

三个层面：需求、利益和行动计划。这三者息息相关，每一种行动计划都是为了满足一种需求，或者获得一种利益，但它们不是一码事。有时候我们不认同其他人的行动计划，但一旦了解对方全部或者局部的需求和利益，也许我们会更容易加以理解，进而认同，也就有可能开展协作以寻找适合双方的行动计划。

有时候你不认同其他人的行动计划，并不必然意味着你和对方的需求不一致，或者利益是对立的。

举个例子，你和一个同事合作做新项目，他提了一个方案，你提了一个方案，两个方案的区别很大，在会议上谁也无法说服谁，甚至因为对方过于咄咄逼人，或者你过于骄傲自大，直接就对喷起来了，闹得很不愉快。

在这个案例里面，你们显然有很不一样的行动计划，但需求和利益是否有重大差别呢？答案是没有。你们都必须要把项目做好，只有做好了才能拿到自己的提成，完成工作任务。

因此行动计划不一致，不表示你们之间一点调和共赢、相互协作的余地都没有。从另一个角度来说，你和另一个部门的同事暂时合作攻取一个难缠的客户，你希望拿下对方为自己升职做铺垫，那个同事需要搞定这个客户完成销售额，你们的需求和利益实际上不一样，可是都能够通过共同执行一个行动完成计划。

解决冲突的八步法

无论是哪种情况，面对冲突最佳的方法，永远是先行了解，再加理解，最后通过透彻的沟通去寻求双方都能接受的结果，以上都搞不定，再开战不迟。

要做到这一点，有一个 RESOLVED 八步法非常有效，这个单词本身的意思就是问题解决完毕，每个字母都代表解决过程中的一个步骤。

首先我们来看一个故事。在这个故事的开头，你和你的伴侣结婚周年纪念日即将来临，他想要给你一个惊喜，于是没跟你商量，动用了你们庆祝基金里面全部的钱，订了一个很贵的双人海岛游。

而你呢，压根没想过海岛游这回事，你想的是拿这笔钱好好装修一下住房，而且已经联系了装修公司，做了设计方案，准备付钱的时候发现账户空了。

可以想见你的惊讶和怒气，知道真相之后，你不但一点不觉得高兴，还暴跳如雷地指责伴侣自作主张，不尊重你的选择。伴侣热脸贴了个冷屁股，反差太大，无法接受，当即恼羞成怒，认为你小题大做，不解人意，糟蹋了他的一番苦心。

双方在激烈的情绪下，开始口不择言，上纲上线，大吵一架之后，就此陷入冷战，谁也不想妥协。

这个故事如果放上微博情感树洞，下面当然一水儿都是喊分手。

但说说容易，现实生活中动不动都拿辞职解决工作问题，拿分手解决感情问题的，都属于不成熟。

有理性和有控制能力的成年人，此时应当进入解决冲突的第一步，也就是 RESOLVED 的第一个字母 R：Reflection upon the nature of the contradiction（反思矛盾发生的根源）。

反思根源，要问自己三个问题：

第一，这个冲突是切实存在的吗？

第二，冲突发生的原因是什么？

第三，你是不是想要解决问题？

拿上面那个例子来说，你想装修，钱却被拿去订了一个海岛游，你的计划眼看就落空了，所以冲突确实存在。

冲突发生的原因呢？是你的伴侣故意想让你的装修计划落空，

还是双方没有沟通导致的？

在这个原因面前，你的态度是什么呢？是想解决问题，好好过下去，还是觉得这日子没法过了，一拍两散？

搞清楚这三个问题的答案之后，来看第二个字母，E：Examining the other's situation（查访对方的情况）。

一般来说，对方的情况会包括谁主导这件事，谁又会有所关联，对方的基本利益是什么，他们的诉求是什么。

在这个案例里，相关信息可能是伴侣通过什么渠道了解和预定的旅游产品，这个产品有什么特别之处，他是怎么起意的，付的款是全价还是定金，有没有可能退款。记住，这里的了解，是限于事实信息，而不是去猜测对方的想法。

接下来第三个字母是 S：Summarising your needs, goals, possible solutions（总结自己的需求、目标和可能的解决办法，以及你想要从其他人那里得到什么）。

案例里的你，除了希望改善居住条件之外，是不是其实对海岛游也很有兴趣呢？你对去海岛的抵触，到底是来自情绪影响，还是实际上的不认可？

不同的意愿会引导沟通的走向，那就是下一步，第四个字母 O：Opening the discussion（进行讨论）。

这里的 Open 是一语双关的：首先，指的是开始做某事；其次，也是暗示要开诚布公地进行讨论，而不是寻求单方面的解决之道。

从这里，冲突解决进入到互动的部分，需要一定的沟通技巧，推荐大家学习"非暴力沟通法"。我会建议大家要格外注意，甚至不妨刻意去对他人表示出足够的尊重，哪怕对方是很亲近的人，也还得体，不要试图暗示、讽刺、含沙射影，或者故作幽默，最好就事论事，清楚说明你的意图。

第五个字母和第四个息息相关，它是 L：Listening to other's point of view and feelings（当你阐述完毕之后，要倾听他人的观点和感受）。

倾听是非常重要的技巧，但人们常常会犯一些常规错误。

比如听的时候就预设立场，认为自己是正确的，对方是错误的。这种心态下，你对对方给出的信息无法做出有效的接收和回应，一旦得到机会你就会坚持己见。

比如在听的时候，不断试图给出建议。他人还在叙述的时候提出建议，是一种明摆着的拒绝和贬低，一旦被解读为"你根本不需要也不关心我在做什么或想什么，你就觉得你比我更高明"，沟通就走向失败了。

最后要注意，倾听过程中，还要有所回应。回应是重述对方给出的信息和确认对方的观点，确认不是表示肯定，而只是让对方知道你已经清晰了解了他们的想法，由此奠定下一步沟通的基础而已。

在我们的案例里，这几个步骤意味着你要和伴侣坐下来心平气和地聊一下。说一说你为什么想要拿那笔钱装修房子，为什么要自行决定装修方案。听一听对方订海岛游的初衷是什么，他对于装修房子又有什么意见。仔细地去发掘对方的想法之中，能够打动你，让你认同的部分，以及让对方体会到你的心意，这里沟通的重点是要面对你们是伴侣，是彼此最亲密的人这个关系的限定，你们谈话的目的，不是为了证明自己正确或伤害对方。

沟通顺利，才能继续我们八步骤中的第六步，字母 V：Verifying the problem（核实问题）。明确理解真正的问题所在，厘清症结，聚焦在双方深层次的需要和目标之上。在成年人的世界里，真正的强硬是要把事情做成，而不是宁可一拍两散也不妥协。

在这个案例里，你会发现双方尽管行动计划有别，但对于婚姻和伴侣的重视是一致的，希望对方为自己所做的事感到高兴的初衷也是一致的。

在这个一致的基础上，我们进入第七个字母，E：Exploring and evaluate possible solutions（共同去寻找可能的解决办法）。

寻求解决方法有几个步骤：一是头脑风暴，给出所有可能的做法，不要在过程中做任何评判，要让每个人都有发挥的自由；二是结束头脑风暴之后，以清晰的标准作为框架，去逐一评估每一个做法。

比如说你们可以去开放讨论，计算利弊，如果海岛游可以退款，是否先装修房子，然后去周边度一个周末作为补偿；如果不能退款，是否先去旅行，再制订储蓄计划，以尽快存够钱装修房子。

最后是 D：Deciding together which solution is the best（一致得出对双方都相对有利的解决方案）。

案例里的一对儿无论现在选择哪一个方案，经过以上八步，应该都会感觉这个结果是共同选择的，矛盾也许仍然存在，但不至于决不相容，也就不再存在争执。不过到这里还不够，为了避免类似的事再发生，你们应当决定以后任何事都要在行动前进行充分的讨论，再共同做决定。

这就是 RESOLVED 解决法的后续部分：第一是确保共同协商得出的解决方案能落到实处，制订执行计划；第二要规定回顾执行的时间。

执行计划和回顾执行两个阶段都要覆盖细节，时间、地点、人物、方式，越具体越好，包括谁负责，什么时候开始，有什么资源，解决方案的实施步骤，回顾在多长时间之后进行，谁参与，谁下定论，要以什么标准来评估等。

在家庭生活里，这种结论往往会比较随意，而在工作环境里则会很具体，但不管是哪一种情况，至少都代表相关人有了共识。

而寻找共识，聚焦于解决问题，就是处理冲突最核心的部分。

与男性沟通：正确提问，事半功倍

正确地提问

有一本书叫作《男人来自金星，女人来自火星》，出版很久了，一直畅销不衰，书名非常生动地说明了男女有别，而且彼此差别还很大。

男女有别和男女平等这两个概念之间，是不存在任何矛盾的，两个性别的思考和行为模式，在某种程度上就像两颗星球一样，各有各的转法，各有各的规律，需要的不是对立和争辩谁对谁错，而是彼此理解，在理解的基础上建立起有效的沟通。

最容易让女生有共鸣的，是男性的单任务操作系统。你可以想一想，平常你和自己的男朋友、老公或者男性朋友说话或者发短信时，如果你连续问了他一堆问题，不管这些问题是有连续性的，还是指向不同主题的，是不是很大的概率他会只注意并且回答最后一个问题？然后如果他在专心做一件事，你走过去跟他讲话，不管你讲了什么，也有很大概率他完全听不进去？

这种情况下你可能会有一点生气。因为女生完全是习惯于同时应对很多事的：一边打电话，一边看电脑，一边手上写着什么东西，还一边可以喝咖啡。有什么问题呢？你怎么就做不到呢？是不是故意回避重要的话题，或者不关心你的感受，不在意你的存在？

一旦有了这种想法，慢慢地心里就有点憋气，给本来甜蜜顺利的关系带来阴影，也许你的判断有它的道理，但我们也不妨试试看改变一下交流方式。

首先，如果你需要了解的事可以用一个问题问出来，就不要用两个，或者问题套问题的方式。比如说你提交了上个月的报告，但其中一个数据有问题，你需要男同事帮你去修改，你如果长篇大论地说："上个月的报告你看了吗？看了的话，你能不能补充其中一个数据给我？这个数据你觉得有没有必要改？我觉得老板可能比较注意这个，你说对吗？"

男性听完这四个问题，多半会反问："老板说什么？"或者问，"你要我干啥？"

你可能会解释："老板还啥都没说呢，我要先知道你这里的情况啊，报告看了没有哇？"

然后进入你来我往试图彼此理解的沟通拉锯，你觉得这个男同事理解能力不行，男同事觉得你啰唆半天说不到重点，双方互相嫌弃。

但如果你换一种方式，把问题变成："我上个月提交的报告里，有一个数据出现了问题，我认为老板可能会对这个数据有意见，你可以帮我判断和修改一下吗？"

问出正确的问题，是得到准确答案的前提，其关键所在就是让叙述归叙述，疑问归疑问。

能够用事实陈述去表达的，就不要转化成问题，这样能够发挥男性专注和结果导向的思维优势，聚焦在你需要他行动的部分，他不必在重复的信息传播过程中浪费时间和耐心。

结果先置or信息先置

另一个和男性沟通容易产生问题的表达方式，是信息先置。

我们来看一个对话的案例。假设你要帮老板做一个PPT，由于出现了一些干扰没有办法及时完成，于是你很忐忑地去找老板，对他说："老板，我跟你说一下那个PPT。"

老板一听，对呀，有个PPT的事情，看样子你是已经做好了吧，于是可能会说："你做好了吗？发给我吧。"

你摇头，然后继续说："本来是应该今天做好的，不过昨天晚上我因为家里有事，所以把电脑带回家加班，结果家里停电了。"

"所以你没做完？那你今天下班之前做完可以吗？"

"这个，家里停电之后，我保存的文件全部没有了，我也不明白怎么回事，我请IT部门帮我找了有没有云保存的版本，但也没有结果，所以我想来跟你说一声。"

"然后呢？"

"我可以下周再交这个PPT吗？"

这个时候老板多半就会不太高兴了。

这个对话是非常典型的信息前置类表达，也就是说你想方设法想要把事情的整个经过跟别人交代清楚。一般来说女性的经典叙述法有两种。一种是线性，而且是一种不自觉的强迫症线性。就是一定要从一件事的开头讲起，把来龙去脉讲得清清楚楚，最后按照时间走向终于把结论说出来。另一种是情绪跳跃型的，也就是说会从情绪最强烈的角度切入。比如对人倾诉有人干扰而导致无法完成工作时，脱口而出的就是"×××气死我了，都是因为他，我才没有办法交差，我怎么会这么倒霉跟他合作！"而后再切到前因后果。

这两种叙述方式，在日常的交流里一般来说没有什么问题，尤其女性之间交流的时候。首先是因为女性习惯这样的叙述节奏，对具体细节天然感兴趣；其次是女性都普遍有比较强的共情心，即使一时之间搞不明白对方的意图，也会被对方的情绪打动，投入倾听或共鸣之中，慢慢再搞清楚来龙去脉也完全没问题。

可是一旦到工作里，女性跟男同事用信息前置的方式沟通的时候，结果就不尽如人意。

上面说的案例里，老板不高兴当然最有可能是因为你交不了PPT，无论你用什么方式去交代这件事，也改变不了这个结果。但人的态度则不然，它能被引导和影响，以合适的方法交代坏消息，坏消息的破坏力可能相对会小一点。

那么线性和情绪跳跃型的叙述会造成什么问题呢？第一个是被动猜测。

谈工作，不管是判断、提议还是请示，都指向一个结论或者结果，一旦你开始叙述，男性听众的脑子就倾向于直接跳到有可能的结论上。

有的人倾听技巧不太好，每听到一个片段细节就会快速得出结论，而且还说出来，一说出来就被否定说"哎，不是的，你听我说嘛……"然后又继续进入同一个过程，这种不断被动猜测的过程肯定是不愉快的。

另一个问题是非重要细节过多，会令人感觉沟通过于冗长，效率很低，而且更像是在推卸责任而不是说明情况，要知道你要给的结果本来就不太让人高兴，还花那么多时间去做无谓的解释或者陈述，哪怕你根本没有为自己推脱的意思，也会将人向这个方向引导。

与信息前置相比，结果前置会更好。比如说在我刚讲的案例里，如果你去找到老板，第一句话就说："老板，抱歉今天没有办法把你要的 PPT 给到你。"

这句话就像一块石头落了地，你有可能都不必解释，对方会说："最近是太忙了吧，没关系，下周再交也可以。"或者问，"啊，为什么会这样？"你把最关键的理由说出来就行，当然对方也有可能暴跳如雷，责问你怎么这么不负责任，现在应该怎么办，但确凿的结论已经摆出来，现在需要做的是补救，男性接受结果的速度是很快的，即使他满心不痛快，也不得不面对现实。

不管对方用什么方式回复你，是很和善的，还是很不客气的，要记住在谈话的最后，要加上你的结果承诺，也就是说你会在什么时候完成手头这些被延误的工作。这一次就不要再出什么问题了，因为双重过失几乎会百分之百带来信任问题。

这里顺便说一句，在假设的情境里，女性处于弱势地位，因此要想办法去适应男性的沟通方式，可能会让人没有那么痛快，但这是现实。无论中外，任何行业中高层的女性管理者最多只占到16%，而且越到高层，这个比例还会降低，最高层的比例大概只有

3%—5%。

这样的情况下，女性要在职场获得更多表现能力的机会，被关注、被重视，从而有所成就，改变男性管理层占比高的现实，首先就要学会适应环境，掌握正确的生存方法。另一个角度来说，工作本身其实也有男女之分。这句话的意思是，有一些工作，比如说销售、技术项目研发类，是男性气质的工作，它有强烈的结果导向，无论是沟通还是实际行动，整个工作的基调都是竞争、强控制、标准化、追求利益最大化。而有一些工作是比较女性化的，比如说人力资源、后勤支持、艺术创作。也就是说，这些工作更注重人与人之间的沟通和反馈，协作氛围以及个人感受。无论你是男是女，你从事的工作性质会决定你更多采取哪一种沟通方式。

解决问题or交流感情

女性跟男性沟通的最后一点，在于一定要分清楚哪一类的沟通是解决问题，要求帮助或者交换信息，而哪一类的沟通是交流感情。想一想你给恋人或者伴侣发短信或者打电话，女性经常会发的短信都是为了表达感情，看到美丽的景色，好吃的、好玩的，喜欢和爱人分享，或者就只是说一些甜言蜜语来表达思念。但如果男朋友给你发一个桃子的照片，多半就是问你要不要吃桃子，吃的话就买。

我曾经有一个女同事，在开除某个下属的时候跟对方谈话，全程都在数落对方辜负了自己的信任，对不起自己，从这个角度上来说，这是非常不专业的表现。因为职场上涉及任何重要的决定，都是基于实际需求，不应该被感情元素覆盖。我们也要把这样的觉悟代入生活，当你跟男性，特别是亲密关系里的男性沟通的时候，如果希望得到好的结果，就一定要确认你今天谈话的目的。比如说，过情人节、生日，你想要男朋友去给你买一盒口红当礼物，最好办法就是直截了当跟他要，而且说清楚什么时候要，到底要什么牌子，多少只。如果你不这样做，而是从抱怨对方不重视你，不重视仪式感这样的感情交流角度入手，那么大部分男性都会感觉到自己被指责，而不是要完成任务。受到指责，可能就会产生争论，哪怕默默忍受下来，也对你没有什么好处，而一旦明确知道了自己的任务，当然要选择努力完成，那你想要的口红不就到手了吗？

5

身份管理：

成为走钢丝高手

职业规划：主动管理你的人生

选择：你三年之后会在哪里

在我面试求职者的时候，经常会问他们一个问题："你觉得你三年之后会在哪里？"

视情况需要，我可能还会补充这个问题的细节部分，比如说："你会处身哪个城市，哪个行业，何种位置，承担何种责任。"

这是一个很简单的问题，大家都明白它的用意何在。第一是为了考察对方的稳定性；第二是了解候选人的个人规划和计划性；另外还会用来验证对方是进取型还是保守型的职场人，从而估量他跟这个职位的匹配度。

既然大家都知道这个问题的用意在哪里，当然就难不倒那些有备而来的"面霸"，大部分人都会按照他所认为的面试官的偏好，头头是道地说上一大篇。

大家听到这里的时候，不妨也停下来想一想，你会怎么回答这个问题。

好，现在大家想完了吗？你心里是不是有了一个完美的答案？

然后你会不会觉得我听完你完美的回答之后，会露出会心的微笑，然后就此罢了？

想得美。

作为一个几乎没有在招聘上失败过的人，如果止步在这里，那之前那个问题就白费了，因此接下来我会继续问："要实现你三年后的目标，你这三年的路径会是什么样的？"

再接下来的问题会是："要实现这个路径，你需要积累什么样的资源？可能遇到什么困难？你克服困难的常规模式是什么样的？"

大家可以当作自己真的在面试，然后尝试着回答一下刚才那些问题。你会发现其实没有那么容易回答。

在"我想要"和"我知道如何得到"这两者之间，有着巨大的鸿沟，一个单纯只有乐观主义的人，或者习惯于走一步看一步的人，没有办法在这道鸿沟上架起稳固的桥梁，也不足以成为合格的管理者。

说到职业生涯的规划，我跟大家分享一个现实，那就是老龄化社会已经逐步来临，人均寿命会不断提高，退休年龄会不断延迟。这到底是好是坏，没有单一的定论，可以由此推断的是，在现代社会，一个人的职业生涯，是长得令人惊讶的，而且也不可能终身只从事一个行业，更不可能像我们的上一辈、上上一辈一样，终身只在一家单位或公司上班。

平均而言，现在的人要工作到 62 岁左右才能真正退休。62 减去现在的年龄，就是你接下来要面对的职业生涯。现在回到我刚才所说的，面试时我会问的一系列问题，你可以得出一个结论，三年只是我们整个职业生涯中相当小的一部分，如果三年的规划已经不好做，三十年的就更难，尤其是现代世界发展如此之快，到处都是不可预测的危机，黑天鹅飞得跟野鸭子一样，漫天都是。

在这样的情况下，个体其实都会有一种无力感，可是无力归无力，我们总不能干脆混吃等死，躺下拉倒对吧。至少无论世界如何变化，我们仍然拥有最宝贵的资源，那就是时间。

有一句话我在聊到时间管理的时候常常引用："时间是你的人生货币。它是你唯一拥有的货币，而且也只有你能决定如何消费它。"

从这个角度去看问题，把我们的职业时间看作是货币的话，就会有一个问题：我们要如何使自己的资产增值？

如果你问一个资深的财务顾问，如何让你的投资获得最高的长期产出，他会说，关键是"资产配置"。换句话说就是，你是否在正确的时间投资了正确的东西，如果你十五年前买了一线城市的房产，十年前买了腾讯的股票，五年前买了比特币，那么你可能就把钱花在了正确的地方。

职业生涯是一样的道理，关键的变量是你如何投资时间，而要做到这一点，首先要审视在你的每个职业阶段，自己时间投资的实际情况，了解自己把重点放在了哪里，哪些方面要做出取舍。

规划工具： 100小时时间档案

要做到这一点，我来向大家介绍一个工具，叫作 100 小时时间档案。

100 小时，是每个人在一周之中除去必需的睡眠饮食之外保持清醒的时间，这 100 个小时可以分散在不同的活动类别上，每个人的情况可能都不太一样，而且会随着人生阶段的不同而有所变化。用我自己的例子跟大家说明一下。在十几年前，我当时 20 多岁，结婚数年，有一份轻闲的工作，业余写作，已经出了好几本书，还没有生小朋友，我的活动类别相应地分为：工作，写作，阅读，健身，家庭生活，社交。

其中工作占据大概 30% 的时间，阅读 20%，写作 7%，健身 8%，家庭生活 20%，社交 15%。

十多年之后，我的活动类别发生了变化，它们变成了：

工作，写作，阅读，健身，育儿与家庭生活。

其中工作的比例在 40% 左右，这里的工作特指管理公司，进行商务上的会面和差旅，写作的时间上升到 20%，我的工作和写作并没有并到一起。

作为一个专业写作者，我每天在工作时间之外，有至少两个小时的时间用于写作课程和小说，阅读比例下调，因为很大一部分专业阅读被包含在工作事务之中，而基于个人兴趣而进行的阅读现在只有 5% 左右，也就是每天一小时以下，育儿与家庭生活在 30% 左右，这是必须为我的女儿所保留的时间。

两个活动类别和时间比例对比，你会发现：第一，我的工作强度上升了，学习强度下降了；第二，我的社交在现阶段几乎完全消失了。

这刚好是两个阶段的标志：第一个阶段我在学习和吸收，包括从工作中，从书本里，也从人际关系上，身边的环境和自我定位还在变化，个人的感受还占据非常重要的地位；而第二个阶段我在输出，在收获，同时基本生活状态已经开始成型，不再有特别大的横向调整，而是更多在做纵向发展，并且个人的需求在下降。

我觉得自己干得还不错，微博上有一位读者，评价我是天赋型选手。我的理解是，天赋型选手说的是一个人不需要费力就可以达成自己想要得到的结果，这样的人值得羡慕，我也很希望自己是这样的人，但事实并非如此。

《异类》这本书的作者马尔科姆·格拉德威尔研究了运动、音乐、绘画、商业等各个领域的佼佼者，估算出大约需要 1 万小时的密集训练和演习，一个人才能在某一方面达到精通。这就是著名的 1 万小时定律。

他认为，练习不是在熟练之后才做的事情，而是不断练习之后才能变得熟练。仅有天赋是不够的，无论你拥有多高的智商或天赋，想要在某方面有所成就，都需要花费时间进行高强度的练习。

看我的时间档案就会发现，我一直专注在自己擅长的领域，也一直持续不断做我认为对的事情。就拿写作来说，假设我有天赋，跟我一样有天赋的人其实非常多，现在的年轻人里，比我更有天赋的也非常多，但十几年之后你回头去看，会发现大多数人其实都没有办法持续写下去，也就无法取得成果。

有时候人们对作家会有好奇，他们会问"你那么多灵感是怎么来的呢？你怎么天天都会有灵感呢？"。这种问题是外行才会问的，因为专业写作者根本不依赖灵感，村上春树也好，斯蒂芬·金也好，你们现在耳熟能详的那些顶级网文作家也是一样，都是每天都写，今天高不高兴都要写，这是一份工作。

这对于所有人来说都是好消息，无论做什么，如果你能持续不断投入时间到某件事上，你就会在这方面有所收获，你不需要依赖那么多天赋。

问题是，很多人对自己所用的时间资源是很不上心的，比起你看待自己口袋里的钱，可能态度要轻率多了。你可能更习惯于被动和随机地动用时间，一会儿目标变成这样，一会儿目标变成那样，做三个月 A 工作，又做三个月 B 工作，去到这里，去到那里。

如果你的钱没有了，你可以开通花呗，可以找爹妈要，可以透支信用卡。但你的时间没了，就是没了，所以在职业的第一阶段，你必须强迫自己把时间投入到对你来说重要的活动上。

那么，到底什么是重要的呢？让我们回到100小时时间档案上，我希望大家可以现在就停下来，把自己一周之内所做的事情都列出来，然后把它们分类，标注出你所投入的时间长度。

而后，请大家回答自己四个问题，不管你的生活是枯燥还是丰富，变化多端还是一潭死水，因为我们今天所说的是职业发展的主题，所以这四个问题是每个人都必须关注的重点。

第一个问题：我是否正在学习和成长？

第二个问题：我是否对身边的人，对我的公司，对这个世界有任何影响力？

第三个问题：我体验到乐趣了吗？

第四个问题：我有没有挣到钱？

我们来解释一下，第一个问题和第二个问题，是比较偏重于职业或者专业方面的，第三个问题比较偏重个人感受和兴趣，第四个问题则直截了当很容易理解。

　　现在，对照你自己的切实情况，让我们来分配一个权重，也就是说，如果总量是百分之百，这四个领域对你来说，其重要性分别占比重多少？

　　一般来说身处职业发展第一阶段的人，会平均分配这个比重，也就是每个领域都是 25%，在这个比例之下，我们再结合你的 100 小时记录，为每一个领域打分，这里要打两个分，分别是：我投入多少，和我收获多少。

　　这里的分数，是从 1 到 10 来算的，将你的得分乘以权重，再乘以 100，就是你这个领域的最后得分。

　　比如说你认为自己在学习和成长方面花的时间特别多，可以给自己 9 分，那么 9×25%×100 就是 225 分，而与此同时，你天天加班，几乎没有社交和玩的时间，在乐趣方面你给自己 3 分，那么你的分数是 75 分。

　　收获的算法是一样的，但侧重点在于你的结果，无论你投入某个领域多少时间，它的产出未必是正相关的，因此你算的时候，要对自己诚实，不可能做到极度精确，但至少要实事求是。

聚焦时间投入产出比

　　前面我提到职业发展中有四个基本领域一直需要大家投入时间，它们分别是学习和成长、影响力、乐趣，以及经济收入。

　　在职业发展的第一个阶段，人们往往会将自己的时间资源平均分配在这四个领域里，而后得到不一样的收获，我们在举例的时候，也是以平均分配的情况来进行说明的。

如果你按照我介绍的方法做了权重分配和分数计算，那么现在就可以跟我一起看一下，你的时间投入最后得分，以及收获方面的最后得分，分别是多少。

首先是时间投入。假如有一位女学员，她的自评分情况是这样的：学习和成长部分，自评分9分，这个部分的权重比例为25%，那么她的最后得分是225分；接下来看她的影响力自评分是7分，权重比例也是25%，因此最后得分是175分；最后乐趣与收入都是6分，在权重一样的情况下，这两个部分的最后得分都是150分。

从这个分数列表里我们可以得出什么结论呢？

第一个结论是，这位学员的总体得分是700分，这是相当不错的，说明她对职业很重视，工作上的时间投入偏重在整体生活里也是比较高的。

这里的衡量标准有两个：一个是实际的时间数目，一个是意愿程度。

每个人拥有的时间资源数量多多少少有些不一样，如果你为了生活所迫必须同时做两份工作，或者你是一个新生儿的妈妈，生活重心可能就被迫要分散，这样的情况下，每个人其实都发自内心地知道自己有没有在职业上尽量努力。

因此你给自己的分数，不但是对具体小时数的衡量，也是对自我投入程度的一种衡量，更精确地说，假如每周你可能只花15%的时间在工作上，但这15%已经是你竭尽所能的结果，那么你在这个表里给自己的分数也不需要太低。

第二个结论是通过各个部分的分数比较，我们可以知道这位学员花了最多的时间在学习和成长的部分，她的做法可能是工作时间内很勤学多问，也可能在业余通过各种渠道"充电"，总之她很重视这一块，而且旗帜鲜明地认为自己现阶段的主要任务就是尽快吸收更多的知识，让自己稳步前进。

此外，她也致力于在工作上尽可能地做出成绩，对身边的人施加影响。用简单的表述来说，就是成为一个在工作上比较重要的、有用的人。我们经常误会只有重要的人才有影响力，事实上并非如此。我们以前在连锁的教育机构，有时候会开玩笑说，如果有一天把公司的所有 VP（Vice President，高层副级管理者）全部干掉，那么公司至少还能稳稳当当运作三个月不出什么大问题，但如果你在一天之内把所有前台和老师干掉，那公司业务立刻就瘫痪了，从这个角度上来说，每个人所处的职位都拥有自己的影响力，越是本职工作干得出色的人，越是能感受到这个影响力的存在，它是你工作价值的直接证明。因此我们会说，在正常的情况下，很少有什么长期设置的工作岗位是不重要的，但如果你做得很不好，或者不求有功但求无过，苟且度日，那么在这个岗位上的你非常容易被代替——你是不重要的，这就是没有影响力的直接反应。大家要摆正心态，不要因为自己的职位比较低，工作比较简单，就放弃要做得更好的想法。

再来看乐趣部分。6 分，表示这位学员没有花太多时间去寻求工作与个人兴趣或成就感结合，这里涉及一个刻意练习和舒适区的问题。

在职业的第一阶段，哪怕你在大学里所学的专业或者所受的培训是与你的职业相关的，你也需要花费相当长的时间去学会应用和实践，很少有人会一进门就开心得不得了，说我全都会，全都能做，一点问题都没有。

这种情况下，大家都要在刻意练习区花费相当多的时间去熟悉，去过渡。在工作现有的要求里尽可能快速上手，这个阶段过去之后，你会进入舒适区，真正开始有一种感觉说这些事我都会做，而且做得还不错，这个时候职业的乐趣和成就感才会体现，你做事的时候可能就会花时间特意去结合自己有兴趣的点，或者想要深入了解与研究的部分，不管是项目还是技术钻研，都是如此。做这些就不再仅仅是为了完成工作，而更接近享受工作，明显层次会高一点。我们案例里的学员给自己 6 分，说明她有意愿，但没有特别花时间去寻求这个结果。

最后一点是经济奖励，也就是收入。6 分的话不能算高，但也不算低，这个分数说明这位学员在求职的时候也许会在几个不同的录取通知里面挑选，以争取到自己能够得到的薪水上限，也可能会在适当的时候做一些兼职为自己增加收入，但总体而言她不是拼命在挣钱，也没有把钱当作自己最重要的职业回报。如果她选择项目的话，从分数的比例来看，她可能会倾向于选择做能跟人学东西，让自己快速成长的项目，而不是工作没什么挑战，但一旦参与就会有提成或者奖金一类的项目。这位学员可能会在年终绩效考核的时候去跟上级聊一下涨薪水的问题，但不会不断进行薪酬方面的沟通，因为她还是认为机会和平台资源对自己帮助更大。

看完投入分数之后，接下来，我们再来看这位学员的收获自评分数。收获自评分数本身当然是重要的，但更重要的是它跟时间投入分数的对比。

一般来说，做这个对比会有两种情况，一种是正向对比，也就是这位学员的收获自评分数和她的时间投入分数基本是一致的。比如说学习和成长花费的时间最多，相应地也一天天感觉自己变得更强大，更专业。在工作上努力表现，确实也日益成为团队中有影响力的人，那么说明她的时间投资方向和产出都比较良好，只要有所投入就有所得到，这样下去就没有问题。

而另一种情况呢，则是反向对比，也就是我们平常说的事倍功半，假设说四项的时间投入分数分别是9、7、6、6，而你的收获分数分别是5、6、4、3，那么就意味着，你付出了相当的努力，却没有得到应有的成果，在工作里也很少感觉到喜悦或者成就感，钱也没挣到多少，基本上出现的是一整个对自己很失望的状态。

每个人在自己在意的领域付出时间，都是希望有回报的。有的人对即时奖励很看重，有的人愿意等待长期效果，但不管哪一种，都会抱有期待，如果投入和回报的分数有很大落差，那就不太可能做到长久的坚持，那也就意味你要有所调整。

首先是调整投入领域的权重。大家都是第一份工作，但情况可能也都不同。比如你是学设计的，大学里就已经到处在做兼职了，毕业后进的这家公司跟你有过不少合作，你的专业造诣也比同级别的人要强，那么你可能就会发现自己在这个岗位上的任务不是学习和成长，而是尽可能地输出，引起上级的注意，让同事们都尊重和认可你，也就是说，你要把影响力的权重调高，与此同时乐趣的权重也要调高。如果你学的是历史，但你决心要去做编程的工作，那显然你在业务上的积累是非常弱的，必须要非常努力，才能匹配工作对你的要求，那你的学习和成长的权重也要提高，要放大到压倒一切的程度，先活下来再说。

权重指向的是你的实际状况和需求，配合 100 小时时间档案，可以清晰地告诉你，你需要花多少时间去做什么事。

另外，哪怕你的时间投入和你的收获分数是正向的，你也要注意，在你的职业阶段本身发生变化的时候，各个领域的权重仍然需要变化，因为第一阶段的重心是选择，也就是说你做什么，你能做什么，你有什么机会，针对这些现实情况，去尽可能增长自己的竞争力，而且往往可能在这个阶段你会发现自己最初的想法并不是最好的，也不是最现实的，那么你通过横向和纵向的比较，会有一些变动。

但第二阶段是在于聚焦，这个阶段你需要尽快把你能够全神贯注投入的点锁定下来，不管是行业、专业还是职位，都要有一个明晰的定位。如果把五到八年作为一个职业阶段划分，大多数人进入职业发展第二阶段的时候，都差不多到了中国人说的而立之年，而且至少已经在自己的岗位上是一个熟练工了，除了想得到更多的成就感、认同感，以及更想要享受工作之外，你也要结婚、生孩子、买房子、买车、更多地开阔眼界享受人生了对不对？

这样一来，你在工作乐趣和在收入这两方面的权重会自然而然提高，很多人在这个时候转岗、创业，或者跳槽，都和对权重的调整有关。转岗和创业的人，乐趣的权重上调比较明显，而跳槽的人，收入权重上调比较明显，他们会把薪水的变化放在衡量新工作的首位。

尽管如此，事实上大部分人做出这些决定的时候，所带着的都是一种模糊的概念，比如说我是不是做这份工作太久了，或者我很厌倦现在的状态了，或者我的工资跟市场价格比太低了，到实在受不了才慢吞吞去做变动，也就是说你的人已经准备好进入第二阶段了，但环境还停留在第一阶段。

如果能有意识地在时间投入和收获预期上都做好权重规划，那么你变化和收获的速度都会比被动等待要快很多，出成果有成就的速度也就会跟着快很多。

最后说到聚焦这一点，对女性来说尤其重要，女人 30 岁左右，一般就进入了婚育的高峰期，结婚生孩子都是挺好的事，虽然也会带来很多压力，但人生在世，任何事要做好，都会有压力，这一点上其实没什么特别的，都是有问题就解决问题，无法完美解决就苟且一下，非常正常。但同样的，如果你结婚生孩子之前就已经顺利开启了第二阶段，那么你可能就已经充分投资了自己，有资格开始获取回报。即使婚育令你的进度变慢，或者打断了一下，你也很快可以调整状态回到职场，快速找回自己的舒适区。简单来说，有五年八年某方面专业和职业经验的女性去找工作，比同样时间内东一下西一下瞎混的任何人（不管男女）都更容易——人力市场基本上来说还是理性的。

在人生的任何领域，成功的关键都在于主动管理，所以大家要好好把自己的时间投入和职业发展管理起来哟。

左手高效工作，右手高效育儿

两组关键词

首先我们要确认关于你意愿的两组关键词："职业女性"和"生孩子"。

第一组，你是否想做职业女性？

如果你的人生理想或者现实状况都是全职家庭主妇，那不在我们的讨论之列。我对全职主妇充满了尊敬，如果把家务换算成支付给市场行为的价格，这会是一份收入相当高的工作，不亚于大部分白领。

但目前来看，大家都觉得你自愿待在家里做家务是一种低能力、不上进的表现，这简直滑稽。赋予家务劳动以真正的价值，应该是女性们除了争取职业平等和自由之外，也应该致力去改变的一个方向，但这不是我们今天讨论的主题。

第二组，你是否愿意生孩子？

女性天然是有母性的，这是生物赋予的本能，是激素带来的影响，很少有人真的可以完全对抗其影响，但不见得每个人都愿意把母性放在孩子身上。

大家可以观察一下身边的人，女性到了一定年纪，如果结了婚但决定"丁克"，不生孩子，那很有可能在一定程度上会把老公当成孩子来看待。另外一种情况，她们不结婚也不生孩子，很多人会选择养猫养狗，天天料理宠物的吃喝拉撒，自称宠物妈，操心它们的生老病死，将猫咪和狗狗当成家庭一分子看待。

从我个人的角度来说，养猫养狗所需要的付出，以及从中得到的乐趣或情感回报，跟养孩子没有本质上的区别，有区别的是劳动强度和投入程度。养宠物也有退出机制，大家看看每年全世界有多少猫和狗被遗弃就知道了。可生孩子是没有退出机制的，如果你要强行退出，就会被世人唾弃，而后被抓进牢房。所以说，作为一个成熟、有独立思考能力的人，你要是确认自己真的不喜欢孩子，不愿意生，也就不要勉强自己——任何事都是一样，勉强没有幸福可言。

用这两个关键字进行排除法好像是废话，事实上却很重要，因为在采取一切行动之前，确定目的是最为关键的一步。中国人说南辕北辙，缘木求鱼，都是徒劳之举。假设你费尽心思想要学习成长，做一个好妈妈，结果发现你的理想人生里根本不想有妈妈这个选项。或者你认为自己和其他人一样，应该在职场上努力奋斗升迁，但你内心是不认同这条路的，那么一切都是白费。

解决三个困惑，开开心心当妈妈

对于想生孩子又想拼事业的职业女性来说，她们的迷惘主要来自三个方面。

困惑一：什么时候生孩子比较好？

从我的个人角度来分享，这个答案非常简单粗暴：如果你没有什么计划，又想生孩子，在有稳定伴侣的情况下，随时怀上了就随时生。不用担心会不会太早，是不是没有做好准备，因为哪怕是你完美精准地做好计划，认为准备已经万全，你还是会遇到各种问题的，人生就是由各种问题组成，没有什么绝对的康庄大道可以走。

而我在这里说的"有稳定伴侣"是相对宽松的提法。首先是因为我国的户籍登记是以出生证为准的，如果你没有结婚而有孩子，只要孩子是跟着母亲入户，那么有出生证就够了，所以并不是说一定要结婚才有资格生孩子。但另外一方面，我个人不赞成年轻女性做单亲妈妈，这不但涉及抚养下一代所需要的经济能力和时间精力——这方面往往可能依靠祖父母这一代来进行贴补，渡过难关，更重要的是情感方面的共同投入——有双亲的孩子，往往会比单亲家庭的在心理健康方面状况更佳。

我们在网络上经常看到对"丧偶式育儿"的批判，以及这一种育儿状况会带来的各种弊端，由此应该推断出来的，是无论父母哪方均应该对孩子有足够的投入，而不是"既然结婚有爸爸也这样带孩子，那么没爸爸也是一样"。

另外要补充一句，随时生孩子也一定要双方有共识。如果一方非常想生，另一方是铁打不动的"丁克"主义者，那么这一对伴侣之间最大的问题并不是生孩子，而是是否应该延续彼此的关系。

吸引力的来源有三个层次。第一个层次是生理性的。外貌、身材、声音之类，非常肤浅，但又非常直接。你喜欢某一个人，多半是从喜欢生理性的部分开始。第二个层次是观念。小到喜不喜欢喝奶茶，大到人生观、价值观的定义，双方是否有足够多的共同点或相互欣赏之处，是关系进一步深入的必要条件。第三步是角色定位。你挑着担，我牵着马，你织布，我耕田，大家都觉得这个组合很好，很符合自己对生活的追求，那么不管彼此分工是什么，都能展开良好的协作，反过来如果一再沟通都无法达成共识，那就肯定不行。

困惑二：有多少钱才够养孩子？

我经常在微博上见到的一句话是："我不想生孩子，因为我想给我的孩子最好的，但是又做不到。"

我猜测说这种话的人可能都涉世未深，所以对于"最好的"三个字有误会。什么是最好的呢？还不会走路的小孩子坐的童车，在市面上有15万元一辆的和188元一辆的，中间大概还有几十个其他档位，你是一定要到买得起15万元一辆的童车的时候才愿意生孩子呢，还是有一个自己能力范围之内的标准？或者说淘宝上搜一下，大多数人用什么牌子，自己也在"双十一"那天买一个差不多的就挺好的了。

然后，你说你一定要能让小孩子去瑞士30万元人民币两星期的夏令营才算合乎要求。那你有没有想过有的家庭是坐私人飞机去自己家的岛屿上度假的——你什么时候可以向后者看齐呢？

中国人说量体裁衣，量力而行，生孩子方面的经济储备也是如此。绝大部分的人都不可能拥有高额财富，但每个人都能在经济上进行脚踏实地的规划。

在这方面，和其他任何事情一样，我建议都要先做信息的收集。信息收集要从三个部分入手。

第一部分是相关大环境的。比如你和你的伴侣,住在哪个城市哪个区域;这一带衣食住行所需成本;其中关于住房,买是什么价位,租是什么价位;周边的教育资源是什么情况。

第二个部分和你的职业价值相关。比如你做什么工作,收入多少,前景如何;可预期的收入增长是什么情况;除了社保你还有没有商业保险;你有没有理财,理财偏好如何,理财成绩如何。

第三个部分是你的生活预期。比如说你的生活标准如何;你生了孩子之后所希望的生活标准之下所需成本是多少;你目前的收入能不能让你满足这个标准,如果不能的话,你是选择降低标准,还是选择进行财务整理,更好地开源节流;你开源节流的计划是什么;你有没有来自父辈的经济和人力支持,他们的支持能到什么程度;你和他们沟通过这方面的安排吗?

以上三个部分的信息收集完毕之后,一个头脑清楚的人,就能够得出基本结论,只要你的收入、资源储备和前景能够承担你生孩子之后的刚需成本,那么你的钱就够生孩子了。

当然,如果你月入 8000,但一定要给孩子买 15 万元的童车,那还是不要生了。

困惑三:我要成为什么样的人才能生孩子?

在物质上的追求可以是没有极限的,那么如果转而在精神上要求自己一定要达到一个完美的状态再生孩子,也是一种相当奇怪的想法。

首先根本没有完美的人,出生的时候不存在,死去的时候也不存在。我们见过好的人、平庸的人、糟糕的人,但不会有完美的人,因此也没有完美的父母。

一般意义上，好的父母是什么样的呢？可能大多数人的共识是要有爱心，要有耐心，要愿意学习和成长，要做好时间管理，要善于沟通，要能够承受压力，对不对？只不过，这些是不是只有父母才需要呢？

一个单身的、身心都健康的人，也一样需要有爱心、耐心、学习和成长的意识和努力。我们想想看，一个把自己的人生过得很好的人，和另一个把自己人生过得很好的人结合起来，有没有可能在生了孩子之后，突然就变成了不好的父母呢？

如果确实如此，那也许他们的真实状态并没有他们表现出来的那么好，孩子是照妖镜、试金石，在养育面前，你很难自欺欺人。

那些致力于把自己变得更好的人，在当了父母之后往往也会致力于把自己变成更好的父母。

所以你想知道自己会不会成为一个好妈妈，先看看自己是不是一个好学生、好员工、好管理者、好朋友，或者去问问那些你信得过的，也喜欢你的人的想法是什么，两个问题的答案结合起来，就有结论了。

最后补充两点：

第一，小孩子一定要买合适的保险，父母自己也要买。这是避免被意外和疾病击垮整个家庭支持体系最重要的后备资源之一。

第二，职业女性如果不是意外怀孕，那么最好是在到达了一个职业里程碑之后再生孩子。这个里程碑可以是一次重要的升迁，有了一定的职场头衔，一个含金量比较高的专业资格证书，一个和将来职业发展对口的学位，或做完一个能对人交代的项目。这些东西能够帮助你更加容易在生育后回归职场。

本章的最后，希望大家都开开心心当妈妈。

走钢丝高手：如何平衡人生方方面面

职业女性的"三座大山"

前段时间，有一个节目来采访我，节目的编导是一位非常干练的女性。在采访之余她跟我说，每一次她去采访成功女性的时候，内容团队拟定的问题里，都会有类似的问题：请问你如何平衡工作和生活？这个问题就像在问一个走钢丝选手，你是怎么在钢丝上站得住而不摔下去的——这是表演走钢丝者的本分不是吗？你摔了还演什么？

而类似的采访中，如果对象是男性的话，几乎不会有这个问题。可是大家不都有家有孩子吗？我们可以先探讨一下这个区别的原因所在，因为这在某种程度上，也是造成职场妈妈无法平衡工作与生活的原因。

首先是生物学原因。在分娩过程中，女性体内会产生大量"爱的荷尔蒙"，也就是我们所说的催产素。这种激素会让母亲心中对孩子萌生无限的爱意与怜惜。这就导致很多人理所当然地认为女性是孩子的主要照看者，而父亲在养育孩子的过程中只是起"协助"

作用。

其次，在我们的传统文化中，"男主外、女主内"的思想根深蒂固。男人的职责就是挣钱养家，而女人的职责是养育孩子、协调家庭关系、安抚丈夫的情绪。社会对不同性别的期望在很大程度上影响着男性和女性的家庭、社会分工。

最后，在职场这个大环境中，女性遭受很多不公正的待遇。从进入职场开始，女性就会因为其性别饱受争议，很多用人单位在招聘时会很在意女性的婚姻、生育问题。这很现实，因此也就给女性们造成一种独特的心理压力：我必须对抗这样的歧视，什么都做得好，以此来进行反击。

心理学家詹妮弗·斯图尔特研究了一群耶鲁女性毕业生工作后的生活状况，得出结论说，对于她们，"既要事业又要做母亲，尤其容易导致焦虑和压力。由于她们对工作和家庭都有完美主义倾向，所以面临的风险非常高。而且一旦达不到理想状态，她们很可能会彻底往后退——从职场完全回到家庭，或是截然相反。"

活用两性定位，改善女性处境

说大道理没什么意义，那么我们来聚焦一点，职业女性要做一点什么，才能在上述"三座大山"的压迫下，尽可能改善自己的处境呢？

首先，在家庭方面，没有人喜欢丧偶式育儿，这也是女性们抱怨家庭生活和配偶的一个主要的点。这首先当然是男性的问题，但从另一个角度来说，很多女性会自然而然固守母职，也是原因之一。

固守母职简单来说，就是觉得别人带孩子都不行，尤其是男人不行，所以动不动就是"不，你这样做不对，放着我来"。

有孩子之后，如果女人让男人意识到自己在做家务带孩子方面不称职，没能力，所有涉及孩子的事，父亲都必须唯母亲马首是瞻，这就相当于给了母亲极大的权力鼓励或是阻止父亲的介入，但与此同时，也就把育儿这件事变成了一方分配和控制，另一方协助和被安排——你很难想象被动那一方会自觉承担更多的家庭责任。

我建议大家放手试试看，让男人去照顾孩子，让他去给孩子换尿布，准备午餐，监督孩子学习，只要他亲自动手，怎么做都行。让他尝试自己去做，久而久之他就会了解正确的方法，即使他们做得不好，但只要不会造成灾难性的结果，就让他们照自己的方式来——总比所有的事情都得你自己动手要好。

如果你还没有进入婚姻，正在寻觅良伴，我有一点建议，那就是在你结婚前，尽量多跟不同的男孩子约会。那些酷酷的，帅帅的，满怀激情的，也可能是不负责任的，没有承诺的，容易变动不定的；那些看起来老实巴交的，也可能是一肚子坏水的；那些不太愿意说话但处理大事很果断的，也许相处久了会有惊喜。

不管是哪一类约会对象，如果你真正想要考虑和对方走入婚姻，最重要的是对方愿意和你平等相处，无论是在工作上还是在生活上，会充分尊重你的想法，并且会和你共同面对问题。

两性的相处真的是有学问的，如果你确定了那个人就是你想共度一生的人，那么从这段关系的一开始你就应该小心处理好自己的角色定位。有的女孩子为了让自己在恋爱中看起来更加温柔贤淑，总是不由自主地表现出很母性的一面，主动做饭、洗碗、替男孩子洗衣服或者处理一些琐碎的日常杂事。我建议千万不要这样做，哪怕你要做，也要一起做。

如果你们的双方的地位在一开始时就不平等，等有了孩子之后，你们的责任分工只会发展得越来越不平衡。

高效工作，也能助力育儿效果

在工作上，职业女性千万不要有完美主义的倾向。一个人的时间和耐心总是有限的。即使你规划得再好，也一样要去应对人生方方面面的挑战，做出各种调整、妥协和牺牲。你应该接受自己不可能做到一切的现实，没有人既能够在职场中平步青云，又能够在家庭中一天三餐下厨，照料好孩子生活起居的同时还能做到不让自己的丈夫受到冷落。

拥有这样的想法，我们才能量力而行，也就是保持平衡。比如说给工作划定界限，提前决定一天中工作多长时间，一个月出差几个晚上。如果育儿在那段时间是生活的重点，那么即使同时间的工作成绩不尽如人意，你也会知道自己已经尽了力，不必焦虑和自责，人生很长，我们有不同阶段的任务需要去应对。

另外，如果工作的时间有限制，我们也要尽量提高效率，以下有一些高效工作的小技巧。

1. 活用清单。清单有助于我们在繁忙的工作以及琐碎的生活中理清头绪，它还能帮助我们清空自己的大脑，让我们的注意力更加专注、集中。养成在家里、办公室常备笔记本的习惯，将你脑中源源不断的想法、信息尽可能多地记载下来，这个微习惯可以产生惊人的效果。

2. 每天开始工作前用一小时梳理你的日常工作。很多人发现每天光是处理收到的新问题、新情况，就得花一到两个小时左右。你必须在这段时间里筛选资料、沟通、决定、安排新的工作。你不可能在开会或者忙得晕头转向的时候完成这些梳理。管理者们发现，留出上班的第一个小时处理这类工作很有好处。

3. 每周回顾。每周进行一次回顾，对自己这一周的未完成工作以及生活进行整理，看看自己哪些方面有待完善，这可以让你更加合理地分配自己的时间和精力。如果这周陪伴孩子的时间太少了，那你下一周就要考虑如何增加跟孩子的相处时间，或者有哪些工作是可以带回家完成的。

4. 寻求外部资源的支持。不要试图一个人扛下所有的事情，当你觉得身心俱疲的时候，可以大胆向外界寻求帮助。包括我们在前面提到的，放手让男人去分担家务劳动。除此之外，你也可以向朋友、专业的医生寻求支持，在经济上也不要过于计较成本，如果你必须要请钟点工，那么你就要把钟点工的费用作为必要的支出，而不是想着我自己少睡一会儿，辛苦一点，可以把家务事料理好。相信我，多睡两个小时对你来说，比节省100元钱有更长远的积极影响。

5. 管理你的老板。对员工来说，一个较好的方法是"由下至上影响管理层"。工作永远没有做完的那一天，如果你决心工作生活两手抓，就要学会"管理你的老板"。若你的老板给你布置的任务太多，以致无法完成，或者出现临时让你在有限的时间内完成某项任务的现象，你应该直截了当地告诉你的老板："我无法完成所有任务，哪一项是最重要的呢？"一个人的时间、精力是有限的，只有将80%的精力投入在20%重要的事情上，才有可能做到高效、优质。这是著名的"帕累托原理"。

6. 聚焦结果。对于职业女性来说，无论是家庭还是工作，都需要我们不断输出，但我们的输出是不是有效、有针对性，或者说是不是其他人需要的呢？如果我们无暇思考而始终忙乱，那么反而事倍功半。

打个比方来说，你的孩子需要去上早教，你为他选了最好的学校，但是路程比较远，为此要花费时间接送、陪伴，以及课后辅导，你认为自己是为孩子好，这一点牺牲非常值得，与此同时也觉得很辛苦，不知道如何长期延续下去。

在寻找解决方案之余，你是不是可以先想一下，为什么一定要选那个所谓最好的学校？有没有可能在附近找到同类的早教？即使质量没有那么好，但你可以节省一倍以上的时间和金钱。此外，你家小孩子的个性与才能是不是真的适合读这个早教？你的辛苦到底有没有意义？

当你用这样的思考方式去面对问题，很有可能发现结果并不是你想要追求的，你把焦点放在了行动上，不断为行动而苦恼，却忽略了行动的去向，南辕北辙，说的就是这个意思。

工作里也是一样。工作可能很繁重，不断有突发情况出现，你的管理者可能不善于指定任务和给予指示，给你造成很多困扰。这时候你要学习直接沟通和坚守底线，确保你所完成的是正确的工作，而不是在模模糊糊的状态下，花费大量时间做无用功，最后身心憔悴，却一事无成。

孩子的成长需要大量的关爱、照料、陪伴以及注意力的倾注，而工作能带给我们收入、社会关系和成就感，都不可或缺，重点还是在于摆正态度，用对方法。

我相信职业女性也能过上游刃有余的生活。希望大家都能"在半空中踩着钢丝"，仍然一路高歌猛进。

善做决策：人生永远不会有死胡同

人生可以说就是由林林总总的选择叠加之后的产物，因此如何做出比较好的选择，也就是人生能否过得比较好的关键。

大大小小的选择无时无刻不在发生，对于没有经过决策训练的人来说，一瞬间的感受和冲动有时候就可能决定一生的走向。

做决策，首先要了解情境，这是任何项目或事件处理框架的发源，工作中不同时期做的哪怕是同样性质、同等条件下的项目，所需要面对的情境也是独一无二的。

做商业地产，可能一个月内国家政策就会有变化，一周内，一个重要客户的扩张计划就会突然搁浅；做线上营销，一天之内，之前用起来得心应手的流量明星，突然被爆出了重大丑闻；在日常生活之中，你喜欢在某个白切鸡做得特别好的地方宴请重要宾客，结果下一次请客之前，忽然禽流感上暴发。

分析情境要怎么入手呢？有两个基本的维度可以为我们提供框架，一个是信息量，一个是决策风险。它们交叉在一起，会区分出四种最基本的情境状态。

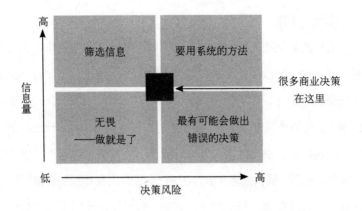

从图中可以看到，信息量有大有小，决策风险有高有低，当信息量很大，决策风险又高的时候，会需要利用系统的方法去分析情境，这里给大家提供一个方法叫作"情境处理流程六步法"。

情境处理流程六步法

第一步是主题的确定，你所面对的情境，它所指向的决策主题是什么。

当你要做一个复杂决策的时候，因为信息量巨大，信息的渠道和性质也会非常庞杂，如果没有办法确定你的主题，信息就会变成干扰。

有的时候，人们会把数据和信息两个概念混淆起来，认为数据量越大，带来的信息就越多，事实上并非如此。

比如说一家做连锁学校的教育公司，他们要决定新一年的销售策略，于是要求各家学校的财务每个月甚至每一周都收集和上交数据表，数据中包括成交的订单，咨询客户的数量，退款申请，以及彼此之间的比例。

这样的数据在一段时间过后，公司可能就会根据这个月和上个月，或者这个阶段和上个阶段的数据对比得出结论。比如说某家学校成交数字上升，表明销售情况良好，下个月可以加标，或退款申请增多，可能是服务不到位，要加强对客服的话术培训，诸如此类。

问题在于，成交数字上升，可能是因为竞争品牌这个月出了公关危机，他们的销售把客人给打了，社交平台上集体抵制那家公司。这样一来，潜在客户受到舆论的影响，倾斜性地流向了一家公司，因此短期之内会增加相当多的订单。

一段时间之后，竞争对手的公关危机消除了，一部分客户选了对方，于是这一边的订单恢复了原先的状态，但基于前段时间上升数据而加的销售目标一直还在那里。

完不成目标会带来巨大的压力，而且员工还拿不到提成，信心受挫，人员流失率提高，更加影响销售，恶性循环之下，会带来一系列的负面后果。

这就是典型的数据未必等同于信息的案例，甚至很有可能数据越大，信息量越少，或者指向越狭隘。

为了避免这种情况，你在确定主题之后，要进入情境分析的第二个步骤，那就是在信息中筛选主要影响因素，逐个分析。

还是拿上面那个连锁学校的案例来看，无论销售业绩是好还是坏，影响销售的可能是内部原因，比如说员工的积极性、工作热情、工作方法。也可能是外部原因，像刚才说的市场的变化、政策的影响，甚至可能是突发持续的恶劣天气，人们会根据经验和自己所受的培训去选定这些因素。

有意思的是，出于人类认知偏差这种思维模式的影响，我们往往会锁定自己习惯的、熟悉的、对自己有利的因素去考量，而对不愿意看到或接受的因素视而不见。

要尽可能避免这种情况，首先要明白人不可能全知全能，当基于不同的视角、立场甚至利益考量时，人们总会有偏颇。

此外，不要相信自己能时时刻刻约束自己的行为，要有意识地用知觉检核去澄清和确认信息。

什么叫知觉呢？知觉是你看到什么就是什么，而知觉检核是一种用来确认信息的技巧，它包括三个部分：

第一个部分是描述你所注意到的现象；

第二部分是列出至少两种造成这种现象可能性的诠释；

第三部分是让其他人或者通过其他渠道，对这些可能性进行验证。

比如说你在男朋友的淘宝记录里看到他最近买了一整套的化妆品，快递到公司，而过几天就是情人节，你会马上认为这是送给你的礼物，从而有所期待。到情人节那天，你收到的根本不是那套化妆品，而是其他东西，于是你开始怀疑他出轨，那套化妆品送给了别人，你感觉自己头上"绿油油"的，于是决定要跟男朋友分手。

这个对关键因素的分析，可能是对的，也可能是错的，指向的决策则是毁灭性的，因此风险很大，一定要用知觉检核的方法去核验。

核验的第一部分是现象描述。你看到男朋友的淘宝记录里有化妆品的购买记录，并且寄去了他的公司，没有偏向和暗示。

第二部分，要列举出好几种男朋友买化妆品的可能，比如说他是代替同事买的，帮助他的同事给自己的太太或者女朋友一个惊喜，因为对方的女朋友可能也有翻男朋友淘宝的习惯。也可能是公司需要做一个什么活动，你男朋友负责帮演出的同事买化妆品。还有一种可能性是你男朋友突然发现了自己真正的内心其实是一位女性，从现在开始要化妆、穿花裙子。当然，最大可能性还是你被"绿"了。

一旦你有了几种可能性的诠释，接下来第三步，就是去验证这些可能性，深入了解，逐一分析，进行排除和锁定，从而让主要的因素浮出水面。

好了，在对主要因素分析之后，现在我们进入情景分析的第三个步骤，那就是可行方案的描述与筛选。这个步骤是在对主要因素了解的基础上，形成多个初步的未来情景描述方案，而后在这个基础上对方案进行讨论。

上文的案例里面，你就要准备好，男朋友出轨了怎么办，变性了又怎么办。先把可能性摆出来，再计划行动步骤。

确定了初步方案的备选列表之后，现在来到第四步，模拟演习。

这一步其实就是把你假设的可行方案拿出来，一个一个去推演，这种情况如何面对和处理，另一种情况又如何去面对和处理，它们的发展路径是什么样的，会出现什么问题，你有什么资源，又在哪些地方可能准备不足。

当你推演出了不同的方案路径，接下来的第五步，就是制订应对不同未来的行动计划和战略。这一步会细到具体行为，如果第四步是画基本脉络，这一步就是填塞细节。

最后一步是什么呢，是真正的选择。从预案中选出最符合实际与最大利益的一个，情境分析告一段落，开始形成结果。

这六步是环环相扣的，结合起来成为一个系统性的情境处理流程，这个过程能最大程度杜绝个人因素的干扰，把基于信息而做出的理性分析和行动预判作为决策的主要手段。

以上所说的情境处理六步法，一般会用在那些风险很大，信息量也很大的决策事务上，非常谨慎，步步为营，提前把九曲十八弯都想得清清楚楚的，再去找一个相对来说最优的方案一锤定音。

不过，并非你面对的每一件事都会这么复杂，工作和生活中同样存在其他几种需要选择的场景，它们也是由信息和风险这两个维度交叉形成的，一共四种场景。

刚才说的高风险高信息量是其中一种，另外三种分别是：

低风险，高信息；

高风险，低信息；

低风险，低信息。

首先，低风险，高信息。

比如说，每天中午点外卖，外卖软件上有成百上千的餐厅可以让你选择，信息量不可谓不大，你无论选哪一家，最极端的后果就是食物中毒，最有可能遇到的问题则是不好吃，不至于损失惨重，所以风险小。

这种情况下，你不用去考虑酸辣粉和粉蒸鸡两个选项之间的安全性，你就琢磨今天食欲怎么样，想吃辣还是吃甜，减肥还是解馋就可以。

下一种，高风险，低信息。

所谓"盲人骑瞎马，夜半临深池"，说的就是这种情境。

这个领域内最有可能出现错误决策，并由此造成严重后果，不过，如果你能够意识到这一点，本身就是一个很大的进步，能为接下来的应对奠定良好的基础。

举个例子，你是一个年轻的女孩子，在网上认识了一个朋友，聊得很投机，于是决定"奔现"，也就是在现实生活中见面。两人以前从来没见过，网上见到的一切信息都可能是假的，包括照片甚至视频在内，无论你觉得对方多么真诚靠谱，都只是一种感觉。

如果你真的不带任何警惕就去跟人见面，有可能会陷入被人伤害和欺骗的局面中，要知道所有的约会指南都不建议第一次约会在封闭的私人空间进行，这是有原因的。

你应该提前做的，是尽可能预测最坏的情况，做好预案规避风险，千万不要盲目乐观，任性而为。

人们在感情上，经常会做出错误的选择，你和你的男朋友可能爱得非常热烈，但你居然对他具体做什么工作，家庭环境如何，人生观念和财务情况都模模糊糊。这个时候如果你不小心怀孕了，那风险极高，要知道生与不生这个决定几乎是你一生的转折点，而你掌握的信息量却很少，根本不足以评估事情的走向。

很多父母在评判儿女的恋情时，根本不在乎你们是不是相爱，而是会询问大量现实细节，家庭、履历、收入、人品……年轻人觉得这也太世俗市侩没有精神追求了吧，真爱哪里在乎这些？但父母做的其实就是在扩大信息面，预判风险程度，所谓的"不听老人言，吃亏在眼前",真的未必只是封建保守的谚语。

最后一种情境是最简单的,信息量低,风险也低,那干脆利落做好决定马上执行就可以了,千万不要反复纠结,因为纯属浪费时间。

上面说了四种决策场景的不同应对,事关决策,有一句老话至关重要:知识就是力量。

知识在这里相当于信息。了解信息有四种状态,第一种是"我知道我知道",第二种是"我知道我不知道",第三种是"我不知道我知道",第四种是"我不知道我不知道"。

对普通人来说,一般"我知道我知道"的部分大概是10%,"我知道我不知道"的大概是25%,"我不知道我不知道"的,超过60%。

这意味着什么呢?意味着你在做决策的时候,往往是狭隘的,认知单一的,以及盲目的。

拿高考来说,对绝大多数人而言,高考志愿选择是决定一个人人生走向的关键决策,哪怕不是人生中唯一重要的,也肯定是最重要的之一,考生们面对这个关卡都非常谨慎,会反复研究分数线,录取比例,专业的热门程度,将来的就业形势,等等。

很明显,这些信息都属于"我知道我知道的"的层面,但还有哪些是"我不知道我不知道"的层面呢?

从外界环境来说,国家政策的变化和世界经济局势的发展,是否导致和某个专业相关的产业在五年后崩盘,严重影响就业。

从内部环境来说,你觉得孩子考财会,将来可以考注册会计师拿高薪,但他的天性与才能适合这个专业吗?会不会人家明明想搞艺术，结果被弄去学财务，到了大二实在受不了，直接退学，那怎么办？

做重要选择之前，不妨尽可能想象自己开了"天眼"，有意识去挖掘深度信息，扩展信息边缘，然后进行通盘考虑，这是做出明智决策的重要前提。

随时准备"Plan B"

做决策还有非常重要的一点，就是永远要有备选方案（Plan B）。

在工作上，最不专业的管理表现之一，就是一拍脑袋就下决定，一拍大腿就开始行动，最后搞得"一地鸡毛"，干活的人怨声载道。

好好决策，保留备选方案，这就意味着要对不同的发展情况有预判，保留及时调整的可能性。

制定备选方案需要想象力和创造性，还有经常被忽视的包容力。

你可能见过这样的场景，工作上遇到一个难题，老板召集大家开会商量解决方案，还特别强调了每个人都应该畅所欲言，发挥集体智慧，结果讨论开始之后，根本没人出声，大家都做黔驴技穷状，哪怕真有想法的，也下定决心一声不吭。

为什么呢？这肯定是开会的人有经验，这位领导表面上叫大家畅所欲言，实质上他是没有包容性的，如果你大胆发言了，说出来的建议不是24K金子那种成色，天衣无缝，就会被抓住一点瑕疵骂到狗血淋头，那谁还敢说话？

没有包容，想象力和创造力都发挥不了，发挥了也得不到重视，备选方案的制定效率就会很低。要想提高效率，有两个基本的方法，第一个方法是头脑风暴。

头脑风暴有四个原则，违反其中一个，就不是头脑风暴，它们分别是：

自由奔放。 任何想法都可以说，不被任何规则限制，哪怕是一定要跟主题相关这样的限制都去掉，就像上文说的，你"不知道我不知道"的信息比例非常高，任何限制都会导致开拓不够，永远徘徊在"我知道我知道"的世界里。

过程中不加评判。 头脑风暴进行的时候，绝对不要去做这个建议有没有可行性，资源够不够哇，我们之前做过了不行啊，诸如此类的判断，无论是引导者还是参与者都如此，因为任何评判都是限制。

以量求质。 不要在头脑风暴的过程中深入讨论某一个看起来很好的想法，头脑风暴的目标是得到尽可能多的想法，只有在尽可能多的前提下，才有充分的比较和衡量。感觉某一个想法已经很好了，不需要再想了，其结果往往并非如此。

想法无专利。 头脑风暴过程中，如果有人说过某一个点了，其他人觉得还能在那个点上进行深入，或者把这个点作为一个起跳板，跳到不一样的地方去，那是完全可行的，哪怕就是重复这个点，但带着不一样的思考和想法，也同样有它的价值。

头脑风暴如同俗语说的"三个臭皮匠，顶个诸葛亮"。因为三个臭皮匠看到了不同角度的信息，群体决策得出的结论未必是最完美的，但往往可行，也是这个原因。

头脑风暴之外，找出更多备选方案的另一个方法是请观点不同、经验不同、所属群体不同的人来参与决策。

有一个案例是这样的，在某个大厦里，电梯运行的速度很慢，而且有噪音。物业管理方讨论了很多解决的方案，包括更换电梯、增加电梯，以及在电梯内播放音乐掩盖噪音等，但没一个成立，有的方案预算太高，管理方无法承担，有的方案适得其反，带来了更多的投诉。

物业管理方在走投无路的情况下，请了行为学家和心理学家来参与讨论，最后得到了一个看起来很无厘头的建议，那就是在电梯里装上镜子。

结果问题就此解决。

这是为什么呢？

需要解决电梯问题的物业方以及电梯生产方，他们肯定是盯着电梯本身在看，专业和视角的限制，让他们始终聚焦在机器的性能以及运行上。心理学家对电梯一无所知，但他们了解人类对自我的兴趣是最强烈的，一旦给人们机会关注自己，他们往往就不会那么关注环境。也就是说，电梯虽然速度很慢，但这不是问题，问题是电梯慢令人产生焦灼的情绪，从而引发抱怨。如果这时候有个镜子可以照一下，看看自己的发型、衣服样子，甚至掏出手机来个自拍，注意力就会转移，于是抱怨就自然降低了。

以上两个方法的作用，都是利用差异性去寻求不一样的备选方案，这样一来，问题的解决会比较游刃有余。

6

亲密关系：

夸出一个好伴侣

正向反馈与归因：让我们成为更好的人

有一个非常经典的案例是这样的，研究人员在一所学校里，随机选了一群孩子，给他们做了一个无关紧要的测试，之后向外宣称这些孩子都是天才，具备非凡的才能，孩子们回到各自的班级继续学习。一年之后，研究人员回访，发现这些孩子全都表现非凡，因为在这段时间里，他们身边所有的人，不管是家长、老师还是同学，都真的是把他们当作天才看待，激发出了他们的潜力。

这个案例提示我们，要在人际关系里，尤其是亲密关系里，让身边的人成为更好的人，让你不够满意的人往积极的方向去发展，使得关系本身也不断得到改善，我们非常需要关注他人的优点和光明面，尽量去寻找正面结论，给予积极的反馈。

观念会影响结论，结论会带动行为和语言，而行为和语言进一步强化了观念，于是你收获了正面循环，反之亦然。

错误归因：这锅，该谁来背

什么事物会跳出来，影响我们的观念呢？

首先就是对待具体事务的归因。

从学术的角度来说，归因是一个认知过程，这个过程中，人们根据行为或者时间的结果，通过思维、推断、分析来确认造成结果的原因。

最著名的归因理论来自于心理学家凯利，他认为人们对某件事归因，总是会涉及三个元素：第一个元素是客体；第二个元素是行动者本身；第三个元素是所处关系或情境。第一个元素和第三个元素都是外部归因，而第二个是内部归因。

举一个例子来说，你约了男朋友看电影，天下大雨，他迟到了，而且打电话也不接。

在这件事中，迟到的原因可能是元素一，你的问题，是你跟他说错了电影开场时间；或者元素二，男朋友的问题，他就是没有守时的习惯，不尊重他人的安排；也可能是元素三，天下大雨塞车，实在赶不到，手机还没电了。

要验证到底是哪个原因，只需要搜集信息稍作确认就可以。

即使如此，女生仍然常常会进入情绪的误区，被带偏了。可能真的是你给错了男朋友信息，可是你根本没意识到这一点，你首先联想的是你上次约会自己迟到了，他当时很生气，这次有可能就是他报复性地放你鸽子。

这个想法一冒出来，你立刻会满怀气愤和怨恨，感觉自己不被爱，感情生活灰暗，一段好好的关系，突然就出现了乌云。

人的有趣之处是，越疏远的关系，理性对待的可能性越大，你归因的时候往往更加客观，而越是亲近的人之间，错误归因的概率会越高。

有三种最为普遍的错误归因，第一种是基本归因偏向。

这种偏向是说，当我们在对其他人的行为进行解释的时候，哪怕对方的行为和自己没有什么利害关系，也更倾向于高估内向因素而不是环境因素。

有时候我们看新闻，看到警察击毙了当街挟持他人的犯罪者，评论里有人说："为什么警察要这么狠，赶尽杀绝，为什么不打腿？"

我们往往把这样的评论者叫作"键盘侠"，其实他并非对警察有意见，只是归因的时候片面强调了警察的主观因素，而忽略了在当时的情况下警察其实并没有更好的选择。

第二种常见的错误归因，是行动者/观察者效应。

对待同样一件事，旁观的人，往往会归因为当事人，而当事人，往往会归因为环境元素，明明是同样的行为，你对自己行为的解释，与你所观察到的他人类似行为的解释，也会完全不同，这种情况在伴侣之间出现得十分频繁，也是很多日常矛盾的诱因。

比如说你和伴侣都去买了一个健身卡，他去了几次就再也没去了，你觉得对方实在太没有毅力了，在困难面前一点都不坚持。事实上可能对方最近工作特别多，根本抽不出时间。

你自己其实也一样，去了几次之后没去了，但你跟朋友说起这事的时候，解释是我们公司太变态了，最近都在加班，但可能真相是你压根没加班，你就是坚持不了天天锻炼。

第三种错误归因是自利偏差。

简单来说，如果你做得好，你成功了，那是你自己的原因，如果你失败了，做得不好，那就是环境的、其他人的原因。

在亲密关系里,你们感情好的时候,你会有意无意地对人诉说你付出了多少,你是多么有智慧和包容。但一旦关系变坏,你倾诉的主题可能就变成了对方有多么的难以改变和不通人情。

最有趣的是,在这个归因的类别里,有时候会存在这样的情况,那就是你站在自己的角度来看,哪怕仅仅是意识上努力过,没有付诸实际行为,也会觉得自己已经做得很好,对方如果不感激不明白,就是他的错。最经典的表现是这样一句抱怨:虽然我没有为你做什么,可是我是真心爱你的呀。或者:虽然我没有买单,但我并不想要花他的钱哪。

这种归因会让你觉得自己很好相处,而对方令人难以忍受。这种状况很常见,人们都习惯于从不同的视角去看待自己和他人,下意识地为自己开脱,却不会轻易原谅他人所犯的同样错误。

持续的错误归因会带来一系列的问题。第一个问题就是你会将自己塑造成一个宽以待己、苛刻待人的形象,除了自己是对的,其他人都是错的。

第二个问题是,错误归因完全可以等同于指责或批判,甚至算得上是莫须有的罪名。比如说你男朋友出差,答应了周五回来,结果周五天气不好回不来,于是在你心里他被定论为是个渣男骗子之类的。一旦你有这样的想法,迟早会宣之于口,于是糟糕的想法,变成了负面的反馈。

负面反馈所带来的,往往是负面印象偏差,就是你会从所有随机出现的信息里,选择跟你的印象或判断一致的接受下来,而后不断搜集关联信息去强化这个结论。

之前说过了，正面结论带来正面印象，反之亦然。

当你认定你的男朋友或丈夫是个不求上进的人，你渐渐就会自动过滤掉他努力工作的行动和细节，或至少将这些部分看作是偶然以及被迫的产物，对于那些印证你结论的，则会极度敏感，印象深刻。

印象偏差最麻烦的一点，是它会导致自我实现的预言，也就是说，当你长期地、坚定地、不依不饶地认为你的亲密伴侣是个没用的人，他迟早会变成一个没用的人，至少在你面前是。

这个过程有三个步骤：第一步，你认为他是个没用的人，你对他的期望就是他会像一个无用之人一样生活和工作；第二步，你按照自己的期望去设计跟他的互动，你或怜悯或轻蔑，你践踏他的自尊心，你忽略他的成就；第三步，对方在你面前自尊心和自信心下降，动辄得咎，惶恐不安——他慢慢越来越符合你对他的画像。

你也许根本就没有意识到，对方那些符合你期待的行为，如果没有你的推动就不会发生，你的期望造就了他的现实，这就是所谓自我实现的预言的本质。

正向反馈造就更好人生

好消息是，自我实现的预言不是只有负作用，积极的预言同样能将人推向光明。要做到这一点，正确的归因是基础，积极的反馈则是关键，这两者之间是一个不断互动、相互影响的过程。

为了确保你的归因尽可能正确，我推荐一个固定的流程，来处理生活或工作中遇到的各种归因：

首先，保持开放心态，在这个心态下去多渠道、多角度收集信息。

无论是对方吃饭迟到，还是擅自挪用了大笔的款项，或做了什么让你无法接受的决定，先静下心来，告诉自己不要先入为主，而是第一时间选择从尽可能多的途径去得到信息。

得到信息最重要的途径是直接沟通，不管跟谁都一样，它的力量和作用超乎所有人的想象，但令人惊奇的是，也很少有人懂得或愿意有意识地这样去做。

其次，收集信息之后，要学会置身事外，以一个客观的角度，全方位地去考虑对方为什么会这样做。

上文讲过，任何事情都可能有三个维度的原因，客体、行动者本身，以及情境或关系。这些维度有时候是单一发挥作用的，有时候错综复杂，但无论如何，都有线索可循，一定要利用你搜集到的信息去进行尽可能靠近事实真相的归因。

我提倡大家牢记八个字的正确归因原则：设身处地，对抗本能。

尽可能站在他人立场看待问题，以及尽可能往第一反应的相反方向去考虑问题。

最后，根据结论去解决问题。

正常社会里，人们遇到的问题其实都差不多，但是对于问题发生原因的解读，以及由此采取的应对方式，则决定了人们的生活有什么不同。

希望大家抱着积极心态，成为建设者而不是谴责者，合作者而不是惩罚者，去面对身边的人，通过正确的归因和反馈，让大家的日子都好过一点。

学习说"不"，远离情感操控

《如何不喜欢一个人》是一本畅销书，曾经美国亚马逊心理学图书榜前三名，畅销欧美 33 个国家，连续 55 周席卷各大读书榜单。

作者杰克森·麦肯锡，是 PsychopathFree.com 的创始人之一。该网站是一个在线情感互助支持平台，每个月对数以百万计的情感虐待幸存者伸出援手。

杰克森自己也是情感虐待的受害者，他写作本书希望能激起社会对情感虐待现象的关注，也希望幸存者们能从本书中学会如何重新寻得爱与幸福。

书名所说的，我们不应该去喜欢的人，是那些带有"毒型人格"的恶情人。恶情人控制欲极强且毫无同情心，会不带任何责任感与负罪感地蓄意伤害他人，是心理变态。

作者在书中给出了辨别恶情人的 30 个示警信号：

1. 他们会无限放大你的缺点，并让你看起来像不正常的人。

2. 他们不会跟任何人换位思考。

3. 他们都是些彻头彻尾的伪君子。

4. 他们会不受控制地撒谎和给自己找借口。

5. 只关注你的错误，并且无视他们自己的错误。

6. 你会发现自己不得不对一个健全的成年男（女）人解释人与人之间最基本的尊重。

7. 他们往往都极其自私，并且对他人的关注有着病态的渴求。

8. 他们会激起你的极端情绪，然后反过来指责你。

9. 你会逐渐发现自己这恋爱谈得像侦探破案一样。

10. 你会是唯一见识到他们真面目的人。

11. 你会开始担心你们的任何一次争执都可能变成最后一次。

12. 他们会缓慢而确凿地逐渐侵蚀你的底线与边界。

13. 他们永远不会给你足够的关注，并借此缓慢地瓦解你的自尊心。

14. 他们不主动和你沟通，反而期待你像能读心一样准确猜出他们在想什么。

15. 在这样一个人身边，你总是会感到紧张、不安，但是你依然希望他们能喜欢你。

16. 你会发现他们过去遇到的所谓"神经病"多得简直不太正常。

17. 他们会一边装无辜，一边激发你的嫉妒心和敌意。

18. 他们会在一开始把你捧上天，用爱轰炸你，把你理想化到极致。

19. 他们会拿你和他们生活中的所有人对比。

20. 你身上那些他们曾经说喜欢的品质，往往瞬间就变成了不能容忍的错误。

21. 你会观察到他们那张完美的面具上偶然出现的裂缝。

22. 他们总是很容易感到厌倦。

23. 三角关系。

24. 隐蔽的虐待行为。

25. 他们会通过悲惨的故事换取怜惜，并把它化为己用。

26. 胡萝卜加大棒的无限循环。

27. 这个人会成为你生活的全部。你会在他们以及他们的朋友们身上耗费很多精力。

28. 他们极其傲慢。

29. 背后说人坏话，具体的内容一会儿一变。

30. 最重要的信号，来自你内心的感受。

如果你身边出现了这样的人，无论是朋友的身份还是已经作为情侣生活在一起，你都要打起十二分精神，小心保护自己。

他们操纵人的手段很多，其中最常用的，就是不断压榨和操纵，步步紧逼让你答应他无理的要求，并且渐渐失去辨别力，失去自己的意志和理性，沦为他掌心中的傀儡。

从这个角度来说，勇于说"不"，拒绝他人，是自我保护的重要武器。

如何训练说"不"的能力

面对恋人说"不"很难，面对同事、朋友、熟人，或者仅仅是陌生人，说"不"一样难。

比如说你工作了一天，收拾东西准备走，突然老板过来说："有个东西需要你做一下，明天早上给我。"

普通人遇到这种事，大概都是默默放下东西，重新开始工作，等回家了跟家人或者朋友猛烈吐槽这个"死鬼"老板，然后下次老板继续要你加班，你还是继续选择顺从。

换一个场景，你有个朋友苦苦央求你借钱给他。他确实很需要钱，你也有这个能力借，但你知道对方根本不会及时还给你，内心是拒绝的，那你怎么办呢？

是不是很有可能在对方的软磨硬泡之下，你虽然不甘心，最后还是把钱借出去了，你很担心对方不还，过了一段时间，发现对方果然不准备还。

不想要这样的困扰？那没别的办法，你得学会果断说"不"。

当你愿意接受他人的提议或要求时，内心就在默认对方是对的，有道理的。如果什么要求都答应，你就是失去了底线，其他人可能会利用你、剥削你，把你当冤大头。

随着时间流逝，你的个性逐渐被抹杀，失去了自己的尊严。你的内心就像是一座没有屋顶的房子，对坏天气和灰尘没有抵抗力，那些本来好好放在屋子里的好东西，也就慢慢被腐蚀，失去了价值。

说"不"的能力是可以训练的，只是我们要首先明确，拒绝他人到底意味着什么。

在你拒绝他人的时候，请记住三个非常重要的权利和义务。

第一点是，你有说"不"的权力。

说"不"有很多语言套路，可以帮你体面地去划出自己的边界，拒绝他人，但任何套路的前提，都是你要相信自己，你有大胆说"不"的权利。

这不是冒险，也不是不近人情，这是你作为一个独立个体天然拥有的权利，也天然应该去使用它。

第二点是，不要感到自己有解释的必要。

要记住这一点，那就是你成年了，有能力照顾自己，为自己下决定，因此你不必对任何人有所交代，也没有义务对其他人进行解释。"No means no."你说"不"的时候，唯一的原因就是你想说"不"。坚持这一点是非常重要的。

第三点是，追加商议，平衡对方需求。

在说"不"之后，如果你顾及对方的感受，那么可以紧随其后，去追加商议，平衡对方，解决问题，那并非是推翻你说"不"的决定本身。

就像刚才的案例里说的，老板来叫你加班，你可以尝试着说：

明白了，我理解，咱们这个项目确实时间挺紧张的，但老板我不得不说，我这周已经每天加班到10点，我有一周没回家吃晚饭了，我今天真的不能加班。

如果老板还继续跟你强调多重要多紧急，那么你可以提供一个解决方案，比如说明天早上早一点过来把它赶出来。

如果别人跟你借钱，你也可以说：

好的，我知道你的意思了，你为了想要买到自己心爱的车，把所有的钱都花出去了。我跟你讲讲我的情况吧，我手头也很不宽裕，每天都操心钱的问题，所以我借不了钱给你，要么我开车送你去找找其他人吧？

"我"字陈述法的力量

最简单的一个套路，是多用"我"字开头。

很少有人愿意直面冲突，独自承担责任，因此遇到事情想说不的时候，你会习惯性找借口来支撑你的选择，如此一来，你就为自己营造出了一个不得已的、被动的、无可奈何的形象，这个形象有一个好处：你不用负责任。

就像刚说的加班或者借钱，你拒绝的时候会说"我男朋友很不喜欢我加班，已经跟我发过好几次脾气了，我没办法，老板你体谅一下我"，或者"我妈妈不让我借钱给别人，我说服不了她，我自己的钱我自己也管不了"。

听起来似乎很合情合理，好像也比较容易让其他人理解。

其实呢，结果会更糟糕。

既然你的 Yes or No 都是因为外界施加的压力程度而决定的，那为什么老板不能给你比男朋友更大的压力呢？他可以说，你是想要这份工作，还是想要男朋友开心？或者借钱的人可以说，那我去找你妈妈聊聊，你妈妈同意就没问题了。你接下来怎么办？

一定要记住，你，是你生活的主宰者，你的私人时间，你的金钱，你的感情，都应该根据你的愿望、选择和需要去分配。当你拒绝别人的时候，要鲜明地让其他人知道，是你在决定这一切，你知道你是谁，你知道你要什么不要什么。

落到表达方式上，就是尽量多使用"我"字陈述法。

"我"字陈述可以用在各种情境，比如说描述你的处境：

我已经连续三周加班了。

我已经一个月没有接到你的电话了。

对处境的陈述非常重要，它不仅仅是你观察到的客观事实，而且也是你得出的结论，它是中立的，但它也是无可置疑的。

你可以用"我"字陈述来描绘感受和感情，比如说：

我感到被你背叛了。

我感到生气、厌烦和失望。

这样的陈述能够进行有力的表达，为什么说这个句式有力呢，因为它是无法被驳斥的，当你告诉他人你感到愤怒的时候，他不能说你一点都不愤怒，你的感受不是这样的，对方必须要去面对他们的行为对你造成了影响这个事实。

另外，"我"字陈述能够强有力地表达你的要求。

你可以说：

我希望你集中注意力专注在工作上。

我希望你不要跟你的女同事在工作之外交往过于密切。

这种陈述是非常直截了当的，而对方的选择要么是接受，要么是否决，都有可能，但如果是否定的话，那他们现在就有责任去对你解释为什么，而你去选择要不要接受他们的解释，"我"字陈述把主动权掌握在了自己手里。

"我"字陈述还可以用在对于未来的期待和后果告知上，比如说：

我会在两个月后再来检查你的工作成果并且评定是否合格。

我保证我以后每周五都会回家去看望你的爸爸妈妈。

这是让对方对于你的下一步会如何有明确的了解，从而知道怎么去配合计划和行动，可以节省很多兜圈子的时间，也减少误会。

"我"字陈述还有一个进阶的句式，聚焦在帮助我们清晰地表述你的需要和指示。

有时候人们，尤其是女孩子们，会花很多时间去暗示，去引导，或者让别人猜测，而不是说出自己真正的意愿。比如生活里面，你可能想方设法提供种种线索，希望男朋友推测出你到底想要什么生日礼物。

在工作里你也可能尝试很多手段希望你同事领会到你的某个观点，比如说你不想再帮他善后，但有的人反射弧比较长，有的人为了个人的利益装作没反应，你暗示都是白暗示，那怎么办呢？

最好的办法就是直截了当提出要求。一般来说，你想得越多，越不直接，你的要求得到满足的可能性就越低。人们经常说"气场"，气场就是坚信自己的要求一定会被满足。

直截了当的要求当然也有技巧。打个比方，如果你要你的下属或同事下周做好一个东西交给你，很多人常规都这样说："哎，你记得要把报告尽快做出来交给我，不然会很麻烦的。"

你觉得自己已经说得够清楚了对不对？对象是你，事务是做报告，时间要求是尽快，后果是会很麻烦，你这个说法还挺和气，显得非常通情达理。

结果呢？除非对方是一个特别有责任心、特别靠谱的人，说声尽快就真的尽快了，既不拖延，也不马虎。否则的话，下周你去找他要报告的时候，他多半会说："什么报告？""这么快就要吗？"

我建议你换一个说法："张三，请你在明天下班之前把市场季度报告完成，我需要后天一早带这份报告去跟老板开会，谢谢。"

这个提要求或者给指示的结构非常简单，它是这样的：对方的名字，你的需求，你为什么需要，你什么时候需要。

不仅仅是职场，用在个人生活里也一样。你想要你男朋友少玩一点游戏，周末多跟你去出去玩，你在他面前婉转地表示自己喜欢春天的户外，给他看 100 篇沉迷游戏对身体和人际关系有害的公众号文章，或者告诉他这个周末郊外有一场小音乐会值得看，都可能得不到回应，你骂他"大猪蹄子"也没有用，你不如直接说：

李四，我想要你周末陪我去公园里走一走，吃个野餐，因为我们都很久没有一起出去散步、晒太阳了，我都缺钙了，好不好？

如果你男朋友这时候还爽快地说："不去，我要打游戏。"那就不是沟通的问题，是你找错人的问题了。

"我"字陈述法不但可以用于拒绝别人，也可以用于对别人提出要求和建议。拒绝别人和主动提出要求建议是一体两面的，当你能很自如地按照自己的需求拒绝别人时，你也会有足够的自信心去提出理应获得满足的要求。

在你对人提出要求的时候，除了语言句式的正确使用，还要调用相配合的身体语言，有几点特别注意：

第一，说话不要太快，也不要太慢。太快显得紧张，太慢没有精神，根据你自己的说话特点，语速控制在对方一次就可以清楚你的意思这个程度，在关键字上要加重音，比如说时间的限定，是这个周末还是下个周末，要传达精确。

第二，要有眼神接触，而且是专注的，延续一定时间的眼神接触。一般来说，动物之间有长时间的眼神接触，雄性之间是为了打架，雌雄之间是为了求偶，两个目的都是很严肃认真的。我们人类虽然是万物之灵，没有那么简单粗暴，但历史传承还是摆在那里的，专注的眼神接触能够令人被迫聚集在跟你的沟通上，也会向对方传达这件事很重要的暗示。

第三，对人提要求的时候，自己站着，对方坐着。让对方对你仰视，会让对方更容易尊重你说的话，如果对方虽然坐着，但完全回避跟你有目光接触，那你可以找一把椅子坐着，然后拉近跟对方的身体距离，强迫他转过来正视你，双臂要打开，而不是抱着，也不要交叉双手抓自己的手指头。

根据社会学家研究得出的"表现"原理，人们微笑从来不是因为他们快乐；相反，人们感到快乐是因为他们在微笑。简单来说，情绪是在人脑观察到人体反应后，经过瞬间判断形成的。

你如果想要让别人认为你的拒绝非常坚定，语言和身体就都要展示出相应的姿态，以此增强你的说服力。

希望大家都能得体有效地对他人说"不"，维护自己应有的权益。

亲密是一种仪式

亲密关系不是一朵永生花，制好了就再没有变化了。人与人之间的关系是活的，流动的，像活生生的植物，你要浇水、施肥、剪枝，去精心照料，它才有可能茁壮成长。

恋人或伴侣之间，道理是一样，而且彼此亲密互动的频次要高很多，否则何以体现双方与众不同的亲近与依赖呢？

有一个网友分享她跟男朋友之间的恋爱点滴，她说有一次她跟男朋友两人在家，男朋友在工作，她躺在一旁玩手机。

她突然想上厕所，但是又不想起身，就随口说了一句："我想去上厕所，但是好不想动啊。"

男朋友直接过来，一把抱起她，走到卫生间放下之后还亲了她一口。可以想见，这个女孩子当时是何等心花怒放，对自己的感情关系又是何等信心满满。

类似的互动，应当在感情生活中贯穿始终，语言和行为都要调动起来，其目的只有一个，就是让亲密的人之间更亲密。

身体会说话：善用身体接触

很多女孩子第一次约会的时候，不管是和对方已经在社交媒体上互动过一段时间，还是完全陌生，都会相当警惕对方在肢体接触上的企图。此外，普遍来说，大众观念也都比较反对女生主动进行肢体接触，这种看法其实是混淆了性接触和身体接触。

头几次约会不要有性接触。第一是为了安全，在更深入的了解之前，和陌生人的性爱是高风险行为，在人身和健康上都是，所以不值得提倡。第二，太早达成的性刺激会导致感情发展放慢，因为吸引力需要逐步递增，跟玩游戏一样，你上去就给个大招，下面就没招了，只能跑。第三，哪怕是在现代的社会环境里，太多因为性而产生的标签和刻板印象，所以为了避免不必要的误解，谨慎比冒险好。

至于你利用有控制的身体接触去传达和激发对方的感受，则完全是另外一码事。

刚刚交往的恋人之间，传达微妙感觉最有利的方法，就是对非敏感部位的触摸。

首选的触摸部位是手指。两个人约会，总有要拿东西给对方的时候，看电影时吃爆米花，我要系鞋带你给我拿一下包之类的，在这种很自然的接触里，加一点刻意的触摸，接到东西的时候稍微用力在对方手上按一下，柔声说"谢谢你"，然后把眼光转开，是女生约会中非常经典的挑逗法。另一种稍大胆的方式，是迅速接过来之后东西放下，而后在对方的手上轻轻一拍，让对方有一点意外，但心里又愉快。

另外的一个地方是手臂，大家看西方电影的时候，不知道有没有注意到两个非常经典的女生撩男生的动作，一个是说话的时候一面眯起一点点眼睛，一面用手玩弄自己耳边的长发，大家要注意，这里一定是长发，尤其适合鬈发，如果你是短发的话，别人可能会以为你头皮发痒。另一个动作什么发型都适用，那就是在合适的时候伸手去摸对方的手臂，从上臂摸到肘部，来回大概两到三次，动作轻巧，大家有猫的话可以在家撸猫感受一下，但用在人身上，记得要比撸猫轻一点，毕竟人没有那么多毛。

　　如果你的约会对象很努力地讲笑话给你听，谈论工作上的事，不管是跟你分享好消息，还是稍微抱怨一下难处，或者介绍他喜欢的电影、书籍、游戏，你都在他话题告一段落的瞬间，伸手摸摸对方的手臂，表示你在听，听进去了，而且你有兴趣，这一切所传达的信息，就是你喜欢对方。

　　一起排队或者前后站着的时候，轻轻往对方身上靠一下，可以停留一两秒，然后离开，如果对方转过头来看你，你就对他笑一笑，若无其事转过头去也可以。

　　大部分没有经验的"直男"都领会不到这些动作的意思，所以你可能会担心自己是不是白做了，但所谓领会不到意思，是指脑子没有刻意去处理这些信息，而人类的基底核，也就是大脑最深处的那个部分，是原始而直接的，它从一万年前开始，就知道一个真理：如果有人拿棍子打你，那是不喜欢你；如果有人摸你，那是喜欢你。

　　男生有没有初期身体接触的套路呢？也有。

　　第一，走路上下台阶的时候，如果女生穿的是高跟鞋，轻轻扶住她的手臂给一点支撑，过了马上放手；第二，过马路的时候如果是没有红绿灯的斑马线，牵一下手，最好是手腕而不是手掌，过了也要马上放开；第三，在人多的地方，电梯也好，其他公共场合也好，用手指松松搭住对方肩膀，用手臂向外撑出一个小小的空间作为保护，注意手臂不要贴在女生身上，不再需要就放开。

记住，一定要在协助女士的行为达成之后就放开，除非对方采取主动，否则不要把绅士风度变成触碰人家的借口。

男女在初期进行轻微程度的身体碰触，目的是不一样的。女生是为了增加刺激，激发对方的热情，即使对方没有反应，也在无形中增加了好感，相当于给出了你愿意继续约会的确认。而男生是试探距离，确认对方的状态，如果你约会了两三次之后，连纯服务性质的动作都会被嫌弃，那对方可能真的对你没什么意思，不必继续浪费时间。

随着交往的深入，性慢慢会变成亲密关系的一部分，身体的触摸不再是为了催化或回应，但仍然是强有力的表达方式。

比方说，你和你的伴侣之间要进行一场严肃的谈话，其间可能涉及指责、抱怨或者投诉，如果你们双方远远坐在桌子两边或者沙发两头，这段对话就会格外艰难，很容易演变成争吵。但如果坐得比较近，膝盖能够自然触碰，在谈话开始之前，你伸手摸摸或拍拍对方的脸，或者耳朵；男人的话，为女朋友或者妻子撩一下头发，细心地放到耳后，很自然地，身体接触就会带来缓冲，它也是一种暗示，证明彼此之间息息相关，不是陌生人，更不是敌人，现在是一对相爱的伴侣一起解决问题，而不是争输赢。

你可能会说，我已经生气到要爆炸了，恨不得上去一脚踹翻他，根本不可能有心情碰他。

在控制愤怒的方法里，有一个很简单但也很有效的，是想一想你发怒的后果和目的。

你要发泄还是要解决问题，抑或想要求对方承认错误？

你需要对方配合还是对抗，理解你还是满怀怨恨？

答案是不是不言自明呢？

"我现在对你很生气，但你仍然是我喜欢的人"这种矛盾但又微妙的姿态，在两个人之间的沟通里，比雷霆万钧简单粗暴要有用得多。

两个人好了一段时间之后，还会不再注意自己的形象，不管男女，以前出去约会，怎么也要好好捯饬一下，后来变成睡衣裤衩到处晃，打嗝抠鼻孔，牙齿里有菜叶子，觉得大家那么熟了有啥，爱我就要爱我的一切，家就是拿来放松的。

这完全是借口，你真正不想再好好收拾自己去取悦对方的原因，是奖赏和代价之间有差距，你已经获得了亲密关系中的奖赏，一时半会儿，这种奖赏是稳定的，于是你开始有意无意减少自己付出的代价——收拾和管理自己都要劳心费力，妥妥的是一种代价。

每个人都想尽量多获得奖赏而少付出代价，但有一些代价是必需的。

我很想语重心长地分享一点人生小经验，那就是：请一定要对我们的身体有敬畏之心。

村上春树说："身体就像一座圣殿，不管里面供奉的是什么，都要保持它的强韧、美丽和清洁。"

不管感情到了哪个阶段，都要对自己的身体给以关注。锻炼、护理、保养，这是你对自己的义务，不是为了其他人。

起码要把那些穿了三年已经发黄的内衣扔掉，在伴侣面前，无论多么放松，视觉上仍然要令人舒服，这个要求对人对己都有好处。

无论彼此相处多么习以为常了，都要刻意创造身体接触的机会。看电视的时候在伴侣的大腿上坐一会儿，经过伴侣身边的时候拍拍他的屁股，两个人排队的时候抱住他的腰，把脸贴在对方的后背上，有事无事亲一下。

女生天生热爱身体接触，做起这些事情来可以很自然，但很多男人如非必要的话，好像就觉得不需要亲亲抱抱，这就很不可取了。你想让你的妻子或者女朋友开心，不可能天天买礼物，天天吃大餐逛商城，每个月去一次马尔代夫，但你可以创建一个小小的仪式，去加强对方的幸福感。比如每天上班之前特意亲吻告别，先吻一下额头再吻一下嘴，下班之后第一件事是脱鞋子放包洗手，第二件事是找到喜欢的人，摸摸她的头发，抱在腿上坐一会儿，随便说几句话。

习惯成仪式：善用身体的套路

之前说时间管理，我讲过习惯的力量，进入一个习惯之前，你需要开启一个暗示，在亲密关系里，这个回路同样也适用，要让你和爱人之间的亲密，变成一种贯穿人生的好习惯，其间最强大的暗示，就是仪式化的动作。

一年一度的仪式很重要，比如说结婚纪念日、生日，此外还需要更多的日常小仪式，经由身体接触，不断强化效果。

想一下，在其他条件同等的时候，每天上班之前接吻告别的夫妻，和上班之前点点头告别的夫妻，哪一对儿会觉得自己的婚姻比较好呢？

你可能从来没有想过这些，也觉得自己不需要这些，但我建议你去试试看，不要被自己的习惯、观念或者这样那样的顾虑绑住手脚，人生最有趣的地方是改变，而带来改变的唯一方法就是尝试。

尝试着去给身边的人一个拥抱，去亲亲他的额头，不需要原因，就像你突然想起了你为什么要跟他在一起，他是一个多么可爱的人。无论对方有什么反应，给自己设计一个小小的行动计划，继续尝试，你会看到美好的结果。

身体有非常多套路，请记得自己多去发掘，建立丰富的套路和仪式，以此来连接你和伴侣。

用语言表达爱：说出来我才听得到

如果说善用身体来维护亲密关系是基于原始的需求，那么语言，就是专属于人类的传达方式。

我曾经在我们的用户群做过一个投票，看有多少人会常规地对伴侣表达我爱你。所谓的"常规"，就是不存在特别的原因，场合或者时间点，完全是双方交流自然的一部分，包括每一次挂电话之前，说"亲一个""我爱你"之类的。

这个投票的目的，是想要看一看年轻伴侣间自我表露的情况，最后结果有点出我所料，选常态表达的人只有43%，而受测试的人群基本上都是85后到90后，可以想象，年龄更大、感情表达习惯更保守的人群里，这个比例会更低。

自我表露（self-disclosure）是一个学术词语，指的是向他人透露个人信息的过程，它是亲密程度的指标之一：如果两个人不拥有一些私人的、相对秘密的信息，他们的关系就称不上亲密。

人们希望感受到爱意和受人重视，所以希望自己的自我表露能够得到明显的理解、关爱、支持和尊重。越是私密的自我表露，越容易拉近人与人之间的距离，以及强化人与人之间的连接，甚至是在强行要求的情况下都是如此。

一段亲密关系刚开始的时候，主要吸引力来源是刺激。除了身体接触之外，大脑能够最快接收的信息就是语言，因此无论男女，甜言蜜语说得越多，关系进展就会越快。

"我爱你"，只有三个字，说得快一点，一秒钟就可以说完，按一百次算，每天说两次，两个月就可以让对方完全确信你真的爱他，如果你什么都不说，让人感受和猜测，那就要花至少十倍以上的努力去达到同样的效果，成本极高，还未必会成功——这个世界上的聪明人和乐观主义者没有我们想象的那么多。

不要相信"懂你的人自然会懂，心有灵犀自然会通"这种鬼话，你做任何事都要掌握主动权，在亲密关系里，想要两个人爱得深，就要善用语言去做自我表露。

比如说你第一次约会，看对眼了，双方都比较满意，回家之后就要通过信息或者电话表达这一点，别憋着，等着人家找你。

这不是让你跑到人家楼底下去喊"安红我想你"——这是姜文在一部电影里的台词，懂这个梗的人都跟我一样老了。你大可以非常含蓄地说，今天晚上我过得很开心，或者说，跟你一起看电影还真不错呢。

很有分寸，很有礼貌，同时明确地进行了自我表露：我喜欢和你在一起，我愿意有更多的时间跟你在一起。

如果对方感动了你，说出来；如果你想念对方，说出来。每一个你感受到了爱意的时刻，用语言去表露你的感受。你也许需要学习表达的技巧，但确认自我表露的必要性，是所有表达的第一步。

如果一方持续表露，而另一方不予回应，慢慢地，双方的感情天平就会失衡，如果双方都对此不以为然，亲密关系的质量就会降低。

有人在婚姻里什么都有，却感到非常寂寞，那是因为和伴侣不再有话可说。

学会开启话匣子

要做到有话可说没有那么困难，不管你多么迟钝，或者多么忙，或个性多么严肃，请常常要对你喜欢的人表露你的爱。你可以说我爱你，可以说 I love you，也可以说今晚的月色真美。如果对方对你表达，你就要回应，最好是要像去公司打卡一样，勾出双方坐下来聊天的时间段。早上一起吃早餐，晚上睡前一起去散散步，尤其有一点很重要，那就是请在谈话的时候关掉手机，因为伴侣沉溺手机而离婚或分手的案例早就不新鲜。我可以担保，你少用 20 分钟手机，世界不会灭亡，你和伴侣的关系却会更加融洽和美满。

你也许已经知道了表露的重要性，但确实不是每个人都习惯或者喜欢这样做，人各有自己的偏好与多样性，不可强求。

某种程度上来说，男女的沟通特征是不一样的。女性更具备表达性，而男性则更具备工具性。表达性会更注重精神内容，比如说聊个人感情状态，工具性更加注重功能性内容，比如说下达指令去完成某件事。

女性天生更善于开启话题，男性在这方面就比较被动。两个人开始约会后，往往是女性想和对方讨论关系的性质，我们有没有未来，会走到什么地方去之类，男人每次遇到这样的谈话，都会多少有点不配合，甚至感到吃惊。他们要么没想过要用语言表达感情状态，要么对自己处于什么状态压根没想过。

我提起这个，是因为很多时候人们容易把沟通问题个人化和情绪化，导致矛盾。

比如说，一个女孩子和男朋友约会了三个月，她开始说我爱你，但男生没有按照正常的流程说我也爱你，女孩很容易认为对方对自己的感情没有那么深，接下来有任何风吹草动，都有可能归因到这一点，最后单方面闹冷战或者甚至分手。

她可能完全忽略了在她说我爱你的第二天，男孩子冒着大雨来接她下班，还给她从很远的地方买了她喜欢喝的奶茶，对于后者来说，他用行动在表达自己的回应，如果女孩子无法领会这一点，那么自然就会造成误会。

本小节的后面我放了一个"话题开启者量表"，你可以去做一下，一共只有 10 道题目，男性测试的平均分是 28 分，而女性是 31分，得分在平均分 5 分以上，你就是非常高明的话题开启者，如果得分在平均分 5 分以下，那就刚好相反。

话题开启能力强的，如果发现伴侣这方面的能力比较弱，就要承担起主动沟通的责任。人们有时候会有一个不合理的推理，那就是，如果你爱我，你就会主动为我改变。以前是个闷葫芦，现在变成爱的话痨。这肯定是不现实的。在没有重大刺激的前提下，人很少改变，但不表示他对你的努力没有感受和回应，我们要做的是在正确的沟通模式上迈开积极的一步，而后将变化交给时间。

另外一个方法，是多渠道沟通。多渠道沟通可以是代替法，比如说，对方不喜欢说我爱你，那么给他换一个词：123、大狗熊……都没问题。像我爱你这样的词句，有明显的情感指向，有的人受教育或者家庭环境的影响，觉得不适是可以理解的，但替换词可以解决这样的顾虑。

用文字代替语言也是不错的方法，图画也不错，有能力的也可以编一个程序，做几个表情包，或者唱首歌，重点并不在于表达的方式，而是在于表达的内容——你能感受到爱，那他表达的就是爱。

自测：你是高明的话题开启者吗？

计分标准：0= 非常不统一；1= 不统一；2= 不确定；3= 同意；4= 非常同意

问题	分数	问题	分数
1．人们经常告诉我关于他们自己的信息。		6．在我身边的人会感觉很轻松。	
2．人们认为我是很好的倾听者。		7．我喜欢倾听别人谈话。	
3．我很容易接受别人的观点。		8．我对别人的困难很同情。	
4．人们信任我，会告诉我他们的秘密。		9．我鼓励人们告诉我他们的感受。	

问题	分数	问题	分数
5. 我能轻松地让人敞开心扉。		10. 我能让人们不断地谈论他们自己。	
女性开启话题的能力一般好于男性，女性开启者量表的平均得分是31，男性则是28。 如果你的得分比平均分高5 分，那么你就是个非常高明的话题开启者。 如果你的得分低于平均分5 分，你的开启能力就需要提高。			

避免阻碍沟通的表达

除了尽量采取积极的和双方都能自然沟通的方式去进行自我表露，有一些常见的亲密关系语言互动障碍也会让我们的沟通受阻，最典型的一种是不做精确表述。

我们来举一个例子，假设在星期天的下午，你花了大半天时间收拾屋子，把地板擦得干干净净，你男友正好出差回家，进门之后没有换鞋子，一路踩到了洗手间，踩出来才想起要换鞋子，这时候地板上已经有了脏脚印。

你可能气不打一处来，马上冲他开始吼："你这个人怎么回事，总是这么邋遢，我刚收拾好地板就弄成这样，你根本就不在乎人家付出的劳动，我受够你了！"

从你的语言来看，你并不是为一件事情生气。你生气的第一个点，是脏鞋子踩地板这个行为；第二个点，是男朋友可能过去有过不止一次这样的行为，重叠在一起，给你造成了对方不爱护家里环境，很邋遢的印象；第三个点是最重要的，你认为他这一切的行为，都是因为不尊重你的努力。

这三个点层层递进，递进到最后一层的时候，其实就已经进入敌我矛盾阶段，很难轻易解决了。如果你只针对第一层，情况就要乐观得多。

每一次你看到对方做出你不接受的行为，都从事实层面去提醒他，对方会马上明白自己犯了什么错误，这样解决问题是很容易的——他只要跑回来赶紧把东西收拾好，然后跟你说一声对不起，事情就结束了。

人的行为模式是百分之百可训练的，在数次清晰反馈并付诸行动之后，很少有人会冥顽不灵到继续我行我素。

你可能会说，我说过多少次了，不要这样，不要那样，可是对方就是不改呀，那么我会建议你反省一下。第一，你的焦点是不是放在行为本身，就事论事上，每次都就事论事。第二，你有没有针对客观事实本身进行精确描述。

如果你在描述中加入了情绪，借题发挥或虚构情节，你就很有可能把一个单一事件变成人身攻击。

没有人喜欢被攻击，被攻击了多半会反抗：我这么邋遢，你又好到什么地方去；我这么邋遢，你为什么要跟我在一起。也可能干脆一声不吭，但心里很不愉快，下一次他进门的时候，出于潜意识的逆反心理，他多半不会踩地板了，但会把脏袜子丢到地上。

另一种不够精确表述的现象是数怨并诉，一件事触发了另一件事，突然之间新仇旧恨全都涌了上来。比如说，下雨了，但是伴侣没有主动去收衣服，导致你出门没有干净衣服穿，你开始数落对方这件事；还有上周让他倒垃圾而没有倒，以至于家里出现了很多小虫子这件事；以及去年你们去度假，应该负责行程的他没有好好上心，导致你们白花了很多钱的事。

突然之间你们俩就埋没在一大堆各种问题里面，两个人都气急败坏，至于为什么没有收衣服这件事，反而没有人关注了。

精确表述不够的最后一个表现是偏离主题。你们想要讨论一下过年去哪里过，聊着聊着变成了怎么买机票，谁给钱，然后突然变成了你妈妈对我不好，为什么我们要买那么多礼物回去，接着变成了我们结婚的时候彩礼给得不够，和别人家比不值一提，诸如此类。吵到了大半夜，过年去哪里过这个问题没有解决，两人还各自积累了一肚子怨气。

避免人身攻击

要做到精确表述，首先我们要避开对人品和道德的评价，并且把谈话重点放在可以处理的、单一的行为上，不要使用"总是""你应该"这样的词语，因为一旦有这样的预设判断，就不是正确的行为描述。

其次，要使用第一人称去进行陈述和感受。用"我"这个主语来开头描述的情感反应，是属于你自己的，可以清晰辨别的。上文里说的那个例子，男朋友乱丢东西在地板上，与其你去指责他是一个邋遢的人，更好的方法是说我看到这样乱糟糟的场景感觉非常难受。

这里我们介绍一种叫作"xyz"的陈述格式，帮助大家更好地去进行精确描述，包括行为和情感上的反应，它的格式是：当你在 y 情境下做 x 的时候，我感到 z。

第一个部分是标准的行为描述，第二个部分是情感描述。

我们举个例子,你可以对伴侣抱怨:"你从来都不为我着想,从来不认真听我说,你根本不尊重我。"

而另一个说法是:"你刚刚打断我说话的时候,我感到很不开心。"

再举一个例子。你的伴侣一直没有接你的电话,终于通话之后,你愤怒地指责:"你有那么忙吗?连电话你都不愿意接,你心里根本没有我!"

而另一个说法也是抱怨,但用 xyz 陈述就是:"你今天一天都没有接我的电话,我觉得被你忽略了,心情很不好。"

第一种说法,往往是把沟通堵死的方式,因为这种无差别攻击的指责,除了争辩和愤怒,很难引起其他反应,但第二种,往往就会直接让对方意识到自己到底做了什么,又引起了什么结果,从而马上道歉,给予体贴的回应。

成为优秀倾听者的关键词

有一种沟通障碍是不会倾听引起的,好的倾听者在任何一个领域里都很少,不管是职业还是亲密关系之中都如此。

我们常常会预设立场,比如说伴侣一开口,可能都还没说什么,你就开始想,又来了。这样一来,你就不会全神贯注在对方所说的话上。那些符合事实的,表达爱、关注和理解的词句,因为你的预设,都变成了无足轻重的部分;那些抱怨、责备、挑剔的部分,则扎扎实实留了下来,不断滋养你心中已经孵化出来的怪兽,让它越来越强大。

这种情况下,哪怕是中性甚至良性的表达,也可能会被扭曲成居心不良。比如说,对方让你去帮他买一个什么东西,他没法出门是因为五分钟之后需要开电话会，你可能对开电话会这个理由根本不加思考，却愤愤不平地想，什么事你都要差遣我，自己却什么都不想做。

还有一种倾听的问题是习惯性在对方所说的内容中寻找纰漏或不可行性，而后进行指摘，这种习惯的表现是经常会使用"是的，不过……"这个句式。

比如说你的男朋友说："我们去看看周边的新房子吧，说不定明年可以换一套大一点的。"

你回答说："新房子是挺好的，不过我们根本买不起，看不看有什么意义呢？"

我是你男朋友我也会觉得很憋屈。

还有一种倾听问题，是反向抱怨。对方说："你跟我在一起的时候老是打游戏，有这么无聊吗？"

而你的反应是：你跟我在一起的时候，不也一直在看球赛吗？

如果你经历过以上沟通情境，也许你会注意到，这样的沟通所激发的无一例外是消极情感，你不高兴，不畅快，更不觉得轻松自在。因为消极情感所激发的，要么是防卫，导致双方的沟通趋于破坏性，要么是退缩，有一方决定我再也不想跟你说话。

男性尤其如此。一旦他们决定防卫或退缩，就会更加激怒女方。研究表明，如果一段婚姻冲突的开头三分钟，一直是某一方在责备和控诉，而另一方一声不吭，那么可以判断这对夫妇会在六年后离婚的预测率高达 83%。

在亲密关系里成为好的倾听者没有想象中那么困难，也不需要天生就如此，有几个关键词能够帮助我们。

第一个关键词是复述。在沟通中你接收到他人信息时，有两个重要的任务：第一个是准确理解对方话语所要表达的意思；第二是向对方传达关注和理解，让对方知道你在意他所说的话，后者甚至比前者更重要。

如果你能用自己的话去复述一下对方的意思，就能轻易让对方接收到你的关注，与此同时，还能确保完成第一个任务，因为在这种情境下，即使你理解错了，对方也不会责怪你，而是很乐意再一次详细说明。

比如说，你男朋友说："下周你都不在家，实在太好了。"

你一听，好哇，我不在家你可以招狐朋狗友来看球，自由自在没人管对吧，然后甩个脸子，好好的一个晚上可能就毁了，但你如果能够用自己的话复述一遍，说："我不在家，你很高兴吗？是不是有什么自己的安排。"

结果对方说："我下周会非常忙，连续几天都要通宵加班，你不在家，我就不用担心你。"

第二个关键词是知觉检验。之前我提到过，预设立场对倾听不利，而知觉检验和复述配合，就是帮你准确反馈感受。

还是那个例子，伴侣让你去买东西，因为他要开会，你觉得他在差遣你，而自己偷懒。如果你马上就指责对方这一点，可能就会引起冲突，如果你在复述里加上自己的知觉，说："你让我去买东西，而你自己很悠闲地待在家，让我感觉你好像是以差遣我为乐。"对方可能会意识到他的话让你不开心了，马上会解释他五分钟之后有一个电话会议，会议发起人是大老板，出门的话他担心信号会不好，所以才请你出去跑一趟。这样一来，你就理解了他的想法，心甘情愿去跑腿，而不是一肚子怨气。

第三个关键词是确认。所谓的确认，不是说一定同意对方的观点或者意见，而是承认他们有其合理性，尊重对方的立场。

每个人都希望得到他人的关心和尊重，也很少有人会第一时间就觉得自己是错的。直截了当去指出对方的错误，在职业上来说可能是负责任的表现，在亲密关系里对方的感觉就会很糟糕，这显然对感情是不利的。

在表达自己不同意见的时候，要让对方知道你思考过他的想法，他有自己的道理。比如说，对方想要换一辆更好的车子，你的回答可以是："你为什么这么虚荣呢，明明我们承担不起更好的车子。"也可以是："更好的车子开起来一定让你很开心，我们也可以向邻居们炫耀一下，不过亲爱的，会不会太超出我们的经济能力了？"

如果你是提议的人，你觉得哪个回应更好呢？

语言互动最后一点，也是最重要的一点，就是有所计划。

我之前提过，身体的互动最好是有仪式感，其实语言互动也是一样。

你学了这么多技巧，xyz 表达法也好，复述也好，知觉检验也好，如果真的生起气来，可能一点用都没有，要么你根本不记得这些技巧，要么就压根不想用，只希望通过最直接、最粗暴的方式去反击和发泄。

既然你了解这一点，那就不要让事情发展到那一步，在双方都心平气和的时候为双方的反应定下规则。这相当于给一栋大楼装避难所，一旦发生灾难，大家都有地方可以逃。

7

最优心态与思维跃升

应对分歧：拒绝零和游戏才能获益更多

什么是零和游戏

零和游戏是博弈论中的一个概念，属于非合作博弈，指的是参与博弈的双方，在严格竞争下，一方的收益必然意味着另一方的损失，博弈各方的收益和损失相加的总和永远为"零"。双方不存在合作的可能。

信奉这个原理的人一般都认为世界上的财富、资源、机遇都是有限的，别人的利益增加，势必意味着对其他人利益的掠夺，当抱着这样的宗旨面对人生各种问题的时候，凡事都必须赢，看起来就像是唯一的选择。

打个比方来说，我经常会在社交媒体上看到投稿，说女孩子家里希望拿多少彩礼，房子要多大才能结婚，而男孩子家里呢，可能就希望彩礼的数字小一点，房子也可以夫妻双方一起承担贷款。

我在这里不谈风俗和家境的问题，光是这个过程就构成了非常典型的零和游戏模式。

双方僵持不下的言论是这样的：女方认为，结婚这么大的事，连彩礼都不想给够，就是不重视我，不重视我就是不爱我，不爱我就不结婚。

男方的观点是：那么多彩礼会给我带来多大的压力，会对以后的生活造成负面的影响，既然你不考虑，那你也就是不爱我，你不爱我那就确实不应该结婚。

双方在这个逻辑上杠起来了，谁也无法让步，因为大家都认为对方的胜利等同于自己的完全损失。

事实上，婚姻本质上是经济制度，双方家庭的参与是希望一段新的婚姻在比较好的基础上开始，而婚姻双方都能从中得到自己想要的东西。你别管那是生儿育女，延续后代，还是获得稳定的性生活，或者可以相互照顾，拥有陪伴的便利，总之这些好处肯定不是仅仅等同于彩礼数字的。

如果双方抱着的是"我必须要赢"的心态进行交涉，很可能就会走向大家一拍两散、鸡飞蛋打的结果，那对于双方来说是一件好事吗？当然不是。

人们在日常生活之中，但凡要面对选择和谈判，有时候就会忘记自己的初衷，把决策过程简单化，把人际交往的需求和结果简单化，直奔零和游戏而去，似乎任何事都只有两条道路：一条是完全按照我的想法实现，一条是什么都别搞了。

达成一致，才能避免零和游戏

哈佛谈判专家迪帕·马哈拉有一个观点是这样的：在任何谈判或者合作之中，我们都应让自己的行为倾向于建设，而非破坏。问题在于零和游戏的玩法往往就是破坏性的。

零和游戏最常出现的情况，在于双方意见不一致。

意见不一致有很多原因，观念上的、习惯上的、模式上的，都有可能，但能够引起最大冲突的，往往都是因为既得利益或者是潜在利益的分配上存在争议。

要有建设性地解决意见不一致的问题，达成共同行动的基础，我们首先要对分歧产生的原因、发展情况做一个具体的分析。

一般来说，人们分歧的产生，会有以下三个原因。

首先是角色不同，就像我们上面说的那个特别世俗的案例一样。在彩礼这个问题上，男方扮演的角色是给予者，女方扮演的角色是获取者，因此给不给，给多少，看起来都是一个非此即彼的态势。这就好像我们在法庭上看原告和被告的律师辩论一样，他们唇枪舌剑，并非因为彼此之间有什么个人恩怨，而是因为他们扮演的角色不同，因此，他们对于真相或者事实往往有不同甚至是相悖的认知。

要避免零和游戏，首先要对自己的角色定位有客观和清晰的认知。我用一个非常狗血的案例来说明，有一些夫妻之间遭遇了出轨的危机，我们常规的认知会觉得，既然有出轨的事实，那么就没有必要继续这一段婚姻了，要么就完美无瑕，要么就恩断义绝。这是站在感情的角度，夫妻双方扮演的是纯粹的感情关系一方的角色，但如果站在孩子的角度，或者说维持稳定家庭的角度，甚至经济利益最大化的角度，其实夫妻双方可能会更倾向于选择拍档的角色、父母的角色、共同行动人的角色去看待问题，因此解决问题的方式也就完全不一样，这其中没有那么多输赢的概念。

我用这个案例来举例，并非是说人们应该容忍出轨，而且夫妻双方都有可能出轨，女性不必非要把自己放在受害者的角度思考问题，真正的关键点在于你想要什么，你的角色考虑必须跟你的目标保持一致。

第二个造成分歧的原因，往往是经验经历的差别。

拿育儿来说，家里的老人在照顾孩子的时候，通常会习惯性地使用尿布。但对于年轻的妈妈来说，为了宝宝更舒适，自己更方便，会想要使用纸尿裤。双方在这个问题上，由于个人经验的不同，会产生分歧。

每个人的先天条件、眼界、受教育程度都不一样，因此客观世界可能只有一个，但投射到不同的人眼里，世界就会有千千万万个版本。

由此，人们也会在面对任何问题的时候，下意识地把自己的经验与经历带进来，形成自己独特的观点、出发点以及处理模式，当这些东西相差比较大的时候，自然而然也就会不一致。

要避免零和游戏，有个前提是在坚持自我的前提下，要去尽可能地搜集更多信息，并且以平和的心态去了解他人的想法。

这里有两个点很重要，第一个点是有效倾听，倾听不仅是使沟通得以持续下去的关键，同时也是搜集相关信息、进一步精准判断自己和对方需求的前提。

哈佛谈判专家弗兰克·阿克福认为，倾听一般可以分为两种：一种是积极的倾听，即在谈判中与对方进行密切的响应，比如，针对对方的话语做出理解、疑惑、支持、反对或者兴奋等各种情绪；

另一种是消极的倾听，即在谈话中处于放松、随意状态下，只有"听"的动作，却没有"听"的实质。

积极的倾听才是交谈者应该使用的倾听方式，在这个过程中，还需要避免听力障碍的影响，比如，只注意听那些与自己有关的讲话内容，理解错误观点，导致曲解对方的意愿；或者是精力分散，忽视对话正在进行。

此外，在倾听时需要保持对敏感词的注意，谈判中的敏感词，就是指那些你没有听过的观点、没有想过的数字，这些观点和数字往往意味着新的信息，你需要非常敏锐，否则错过就会难以继续沟通，如果担心涉及的信息太多而记不住，那就用记笔记来集中精力。

倾听之外，另一个点是要对他人的想法进行充分理解与肯定，这句话的意思不是说你要全盘屈服，接受对方的想法，而是要学会从对方的角度去看待问题，知道对方为什么会有这样的观点、立场或者说反应。

这是同理心和共情心的应用，你可能最后仍然认为对方的这些东西全都是错误的，有问题的，但你想要充分了解对方的努力会得到褒奖。首先，在被尊重的前提下，双方的沟通比较顺畅；其次，如果零和游戏无法成立，大家也能找到新的角度去达成妥协，让双方都能从中得到利益。

最后一个导致分歧的原因是信息掌握量不同。我们有时候说"鸡同鸭讲"，那鸡和鸭谁比较有道理呢？答案是都有道理，或者说都没有道理，因为鸡和鸭使用的信息库不一样。

我们想要解决分歧，如果采用的是零和游戏的策略，那么不是东风压倒西风，就是西风压倒东风，而不去管信息库的差异本身就可能导致很多问题，即使一方赢了，也不过是局部的胜利，对长期利益来看未必是有意义的。

我们应做的，是在合作或谈判的一开始，就相互告知彼此掌握的信息，在工作上可能是项目进度，商业金融方面的资料；在日常生活里，则包括我们的感情、想法与需求等。

打个比方说，你认为自己和同事之间有很多矛盾，完全无法沟通。你的解决方法是，要么你辞职走人，要么同事调离你们团队。

但在你判断同事行为给你造成困扰的时候，由于你不了解其他人或者同事本人的信息库情况，就有可能忽略了她在团队之中拥有最强的技术能力，而且也有很多可以让你学习的地方这个事实，从而把本来可以合作共赢的工作关系，变成了你死我活的办公室个人恩怨。

以上三种原因都可能导致分歧，没有人希望时时刻刻处于分歧当中，因为工作也好，生活也好，越是和谐的环境和人际关系，越能够创造有效率或者带来幸福感的结果。

如果大家都期望自己的需求能够得到最大满足，那么首先要关注的，其实不是自己的最大需求，而是如何让大家的需求都能共同满足。

因为现实情况往往就是你的需求被最大满足之后，其他人什么都没有了，长期来看，这样一面倒的局面是不可能一直延续的，大家都投入非死即活的厮杀之后，你可能会发现，自己失去的其实更多。

最后，要避免零和游戏的结果，有一点很重要，那就是要尽可能规避情绪对我们的影响。多少人和自己的伴侣有一点小矛盾，一气之下就大喊分手，如果真的分了，好好一段感情就此消失，即使没有分，这样反复在 0 和 1 之间摇摆的心态，也是很不成熟的。对双方的关系没有积极的影响，这就是典型的零和游戏玩法，其实也是一种自毁的倾向，因为你未必一定是得到好处那一方，可能反而是失去一切那一方。

更好的办法是，不管你多生气，先冷静下来，想一想在不死不休之外，还有没有其他更好的解决问题的方案。

60分原则：不求完美，先求完成

天性与传统的力量

如果让你闭上眼睛，在脑海中描绘一个完美的女性形象，她会是什么样的呢？

是维密天使秀上热力四射，大长腿惊艳四方的名模们，还是25岁就拿到亿万融资，在商场叱咤风云的新生代明星女企业家？

或者更有可能是这两个形象合二为一，内外兼修，文武全才，最好还加上拥有幸福婚姻和天使一般的孩子，还不止一个，按照心照不宣的完美标准，母乳还得到两岁？

你应该感觉得出来我语气中多少含有一点点讽刺，所以你可能会想，你不是在问我什么是完美的女性吗？完美的女性当然是无所不能，无所不至，无所不成的呀。

事实上我自己以前也是这样想的，甚至也是这样要求我自己的，但我后来发现这样很不对。

把时间拉回到现代女权运动开始之前，著名的思想家和文学家卢梭在他的著作《爱弥儿》中主张：女人是为了取悦男人而创造的，因此，对女性的所有教育都应和男人有关，她们要学会取悦男人，对男人有用，让自己被男人喜爱，这就是任何时代女性的职责，而且这些需要从小培养。

那个时代的完美女性最重要的特质是什么呢？顺从、温柔，全身心投在家庭、子女和男人身上，与此同时努力让自己的外形去符合主流审美。我们看历史就会发现，18 世纪的女人们会为了无敌细腰，长年累月穿超级紧身的束腰，最后导致内脏移位也在所不惜。

到 21 世纪之后，尤其是 80 后、90 后，在大城市出生的姑娘，无论东方还是西方，绝大多数人一来到这个世界上，这个世界就非常明确地告诉她们，男女平等。她们应该接受教育，努力争取成功，女孩子和男孩子一样，可以有个性，可以有选择，而且只要足够用心和聪明，就能成为任何人，做任何事，而你的责任是必须为此而奋斗。

当有人这样鼓励一个小女孩的时候，尽管话说的是"任何"，但这里所谓的"任何"，其实也是有限制的，它往往指的是传统男性要求自己成为的人：成功的企业家、科学家、飞行员，甚至特种兵战士。

从前至现在的状况做一个简单的对比，我们会发现时代还是一直在进步的。生活在现代的女人，总体而言，肯定还是比 18 世纪的女性更幸福、更自由，但并不表示这一代人从此就跟历史割裂开来，成为全新物种了。

如果你们逛过玩具店，就会很直观地看到，玩具种类是按照性别划分的。女孩子的玩具柜台充满了传统的印记，比如说，在最显眼的地方，一定陈列着大量的、各种各样的芭比娃娃。顺便跟大家八卦一下，芭比娃娃的原型来自德国，叫作莉莉娃娃，它用来卖给成年男性，是色情业的代表，因此你就不难理解为什么芭比的形象从一开始就极度强调性魅力。如果将芭比娃娃还原成一个真人的话，差不多是一尺六的腰，配上 38D 的胸部，我打包票她没有办法正常站起来。

除了娃娃之外，女孩子的标准玩具还包括煮饭的套装、化妆套装、各种各样的精美小配饰；而男孩子的柜台呢，一如既往地是各种大规模杀伤武器，车、飞机、建筑工地套装，就连乐高在内，也分公主乐高和机甲乐高，对用户的锁定一眼可知。

只要你稍作驻留，就会看到许多小姑娘飞奔进店，没有任何人说你们不能去玩太空飞龙大战外星怪兽，但她们第一时间就会冲到粉红色包装盒中间，眼睛闪闪发光地研究起游艇派对套装和英式下午茶套装的好坏。

另外有一组数据是这样的，成年的城市女性普遍要在日常的基础保养，包括头发、皮肤、指甲等方面一年花费大概 200 个小时，如果你化妆的话，那时间比重会更高。而男性呢，大概是 30 个小时。

这说明什么呢？这说明无论现代化程度在今天到了何种程度，天性和传统仍然有其力量所在，经过千百年的强化和流传，也早已经成为人类文化深层次的一部分，有一些具象的表现是可以，也必须被重塑，打破或者消灭的。比如说，裹小脚，限制女性的受教育与参加工作的权力，以及单一的审美标准。但有一些是始终存在的，比如说，女性对自己外表的关注，养育与照顾家庭的本能，甚至自我牺牲的倾向。这些在我们的现实之中，至今都还是一直被推崇的，不然就不会有数据表明，妈妈工作之余，还要承担超过70%的家务，以及那些为了辅导小孩子做作业导致心梗、脑溢血的，基本上也都是妈妈。不管你觉得这样的数据或者现象多么荒谬，落到个人身上，大多数人其实还是会觉得，这才是好妈妈的形象，并且不管你接不接受，大部分人一旦进入那个情境，就会自觉或不自觉地争取成为一个好妈妈。

拒绝"双标完美"，从正视自己开始

现在，让我们抽离开自己的现实身份，从高处俯视自己所面对的一切，你有没有注意到，现代女性掉进了一个大坑里，这个坑的名字就叫作"双标完美"。

以前的女人可能没有什么选择，但至少她们的生活是直截了当的——男主外，女主内，老公养不起家就是废物。顶天立地、建功立业不是女人的责任。

而现在，在我们的社交媒体上，会有两种关于女性成功者的典型信息。第一种信息我把它叫作正向的双标并列，也就是要事业成功，与此同时年轻貌美。你可以只看一眼标题就抓住所有关键词，比如说，《90后美女，创业三年融资上亿》。如果这是一则财经新闻，你可能在正文里也只看到这两个部分的详细情况，但如果是一个八卦新闻，你还会在文中看到她的男朋友或者丈夫出现，往往和主角一样成功，或者更加成功。

另一种信息是反向的双标并列，那就是女性事业成功，但个人生活一塌糊涂。要么是找不到心仪的伴侣；要么是为了工作和老公感情不睦，离婚收场；再或者小孩子在家高烧 40℃ 的时候，妈妈坚持要把会议开完。无论基调是赞美、同情，还是感叹，读者都能感受到缺憾。

必须做这个，也必须做那个，而且都要做得好。关于完美的标准是和以前不一样了，但不合理性并没有消失，一个"完美女人"要满足的是两套标准，而且这两套标准还往往是相反的。

成千上万的女性，因为认为自己必须满足这两套标准而付出异乎寻常的努力，甚至可以说是在挣扎着求生，但效果往往不好。

双标完美会带来几个主要的障碍，对绝大多数人来说，不但不能让人生进步，反而会带来各种困扰。

比如说，第一，会干扰选择。

因为什么都要有，什么都必须会，你只能对社会和他人的期待照单全收，却没有时间和余地去考虑，基于我自己的价值观和需要，我到底应该做什么，在什么阶段需要达成什么目标，因此很容易就疲于奔命，失去重点和方向。

第二，会减弱自信。

社交媒体的兴起为我们带来便利的同时也滋生了焦虑。

长得比你好看，有钱又努力的人比比皆是，每天看他们在网络上晒自己的生活，就开始怀疑人生，恨不得马上回炉重造。

要知道，没有人能够处处都完美，如果你比照的是这个标准，你就永远不会对自己满意。一个人持续对自己不满意，那怎么可能做得到自信地去应对身边的一切呢？

第三，会影响行动。

有些人因为追求完美，所以会不断准备和计划，希望做到无懈可击之后再付诸行动，而一旦付诸行动，又难以面对失败的结果。

举个例子。我的一个学员，她做事情非常谨慎，某次出差，她提前一个多月就开始做准备，整理需要带的东西，列事务清单，定行程，查天气，看路线，结果人算不如天算，出行当天，由于台风天气航班延误，计划全盘落空，她既懊恼又郁闷，相当长时间精神无法振作，导致工作也受到了影响。

其实挫折与失败本来就是人生经历的一部分，遭受挫折是寻常事，失败更可以被当作学习与成长的契机，但对完美有着高期待的人，是非常难以接受这一点的。

我们要拒绝完美，首先要从正视女性本身的特性开始。

有的女生，不爱结婚，不爱生孩子，想要自由自在过一生，这是没问题的，但如果你是想要这些的，那么就要去了解女性的婚育，会给她的身心乃至于一生的规划，带来什么样的影响。你要正视一个女人怀孕、生育，以及后来养孩子会需要的大量时间、精力以及耐心，并且在了解的基础上去做相对应的规划，同样包括经济上的、心理状态上的、身体条件上的。

我有一个朋友，结婚已经超过 8 年，35 岁那一年，她认为自己应该生孩子了，与此同时，她老板希望她接受一份新的职位，是升职，有很好的头衔，但需要搬到另外一个城市，工作极度繁忙。

她刚好是一个现代的双标完美主义者，于是她是这样打算的：先和丈夫开始造人，同时接受升职，如果怀上了，就一边做新的工作一边把孩子生下来，她还计划工作到预产期的最后一天，然后在产后第三周就回来上班。

　　她来找我咨询这个计划的可行性的时候，我后背的汗毛都竖起来了。因为我完全能够想象，如果她真的这样做了，会面对多少煎熬、挣扎和挫败感。她会搞砸工作，也会当不好母亲，而这两者的夹击，会给她个人带来难以想象的压力。

　　很多人为什么得产后抑郁症？是因为从来不知道生孩子养育孩子原来这么难，这么需要你全情投入。

　　我给她提的建议是继续保持避孕，先接受升职，半年左右全力以赴拿出最好的成绩，让她的老板印象深刻。而后怀孕，到她生孩子的时候，她已经有了一年半以上的高级管理者资历，这对她之后的求职或者调职都有莫大的正面影响，也积累了一年的高薪水，有更多的资源可以在产假里调配。

　　在生孩子之后的半年里，不要过多去想工作的事，全力以赴调养身体，享受美好的亲子关系。她可能还是需要一边摇摇篮，一边看电子邮件和开电话会议，但内心也要非常明确地知道，这是次要的一部分，因为现在是你纯粹做女人、做母亲的阶段。

　　除了正视女性特点，为了避免完美陷阱，我们还要重新定义个人成就：真正的自由是有选择。

　　如果你就是选择想要当家庭主妇，不要羞于跟你男朋友提起这一点，并且努力去把全职主妇这个角色扮演好，要相信自己的付出一定有价值。世界很大，人生很长，每一个人所喜欢的，所偏好的，甚至悲观来说能得到的，往往都不一样。我们管理生活的关键点，在于最大程度利用你所拥有的资源，去达成你感觉到满意的结果，跟单纯去满足外界的期待相比，这样做对你个人来说更加实际，也更加有意义。

建立属于自己的自信力账本

要想提高自信力，非常重要的一步是不要将日常工作或者生活中的挫败感扩大化和无限化，就事论事是最基本的一步。

当然，这四个字说起来是很容易的，但落实到实际行动上才是最大的挑战，这也是有人感叹的：知道再多道理，也过不好一生。

我理解这一点，而我能够提供的建议，是专注于行动去解决问题。

专注的第一步，是记录。大家有没有记过账？如果没有的话，你现在可以在手机上或者电脑上随便找一个记账的软件看看它的界面。

你会看到什么呢？记账，首先当然就是要记，对不对？一笔一笔，巨细无遗，非常偶尔的情况下会有巨大的支出。比如说你买了房子付首付，财务状况一夜回到"解放前"。更多的时候是买了一瓶酸奶吃了一顿火锅收了一双靴子，诸如此类。记账的目的是量入为出，你如果能清楚知道自己花了多少，赚了多少，就不太容易入不敷出，因为账目就像是一条警戒线，哪怕你没有刻意在乎，它也是在那里的，能够起到基本的防护作用。

那么，现在我们来把我们的自信力来源也做成一个账本。

自信力账本上的第一笔

自信力包括两个维度：一个是相信自己有处理事务的能力，一个是相信自己值得被爱。所有围绕我们发生的大事小事，都有可能在这两个诉求上对我们产生影响。

如果我们把好事情对我们自信力的影响设置为1到10的正分数，而把坏事情给我们的影响设置为 −1 到 −10 的分数，那么，我们可以来做一个自信力的记账本，以一周而不是一天作为周期去记录事件以及计算分数。

你可以简单粗暴地顺着时间流去做记录，无论发生什么，记下来，估算一个分数填上去，以后再看就好，分数本身我们可以基于自己的感受做出判断，标准非常简单，如果感觉很好，心情愉快，那就是正面加分，如果不好过，懊悔、遗憾、怨恨，那就是负面加分。

你也可以稍微上心一点，在我们记账之前，先做好这一周的计划，将尽量多可能发生的事情整理出来，进入自信力预算的列表。

对于低自信的人来说，无论是上班、开会、提交方案，还是去相亲、参加家庭会议，处处都是考验和不可控因素。这很容易理解，但是不可控不代表不可预见。你肯定是知道自己要去上班，要去相亲，要去开会的，而且在你的内心深处，其实你也知道什么样的情况是比较好的情况，其中包括你如何去处理和应对具体的事情，也包括其他人对你的态度如何，沟通的效果如何，对你的影响如何。

在这个前提下，当你做计划的时候，在你的事务列表里做一个对应，把那些需要你表现出自信力，但你对自己能不能做到有疑问的部分标注出来，而后给自己一个预期的分数。

这个预期的分数锁定的是你常规的表现。比如你在公司开会，大家开始讨论项目，平常你是绝对不会主动举手的，你的习惯和偏好是默默坐在人群的最后面，不点到你的名字你一句话都不会说。如果一切正常的话，会开完也没人注意你，你就像风一样来了，又像影子一样走了。

如果你的表现就是这样，你认为这周你去开会也继续会是这样，那你可以给自己1分，因为没有消息就是好消息，至少你不会搞砸什么。

现在你安全了，因为你已经得到了1分，但我还会希望，你可以给自己设定一个最高目标分数和一个最低目标分数，而后在想象中为自己去设计一个相对应的行为。

比如说，你给自己今天开会设置的最低目标分数是3分，最高目标分数是5分。

如果今天开会，你主动发表了自己的看法，哪怕只是一句弱弱的"我认为这个数字不正确"或者"我觉得这个提议有道理"，你就可以给自己加3分。

如果你鼓起勇气，站起来详细阐述了自己的想法和意见，无论其他人对你是赞同还是不以为然，你都可以给自己5分。

事前的计划，不可能涵盖我们一周中遇到的所有事，但我们也没有必要去考虑所有事，你的自信力在什么方面给你的困扰最多或者表现最明显，你就先关注哪个方面就可以了。

自信力记账一周过后，你可能会发现，这一周，你每天都在闹钟响起之前就主动起床了，所以你每天都给了自己正 3 分，它证明你能够控制自己的作息。

然后，有三天的晚上尽管你加班已经加得精疲力竭，但仍然去了健身房锻炼半小时，在这件事上，你给了自己正 5 分。

那些你提前设置了目标分数的部分，如果你实现了自己的预期行为，你就给自己挣到了更多的正面分数。有研究表明，人们对于自己明确知道应当怎么去做才比较正确，比较好的事，会更容易在真实面对的时候做出正确的决定，也更容易说服自己克服困难。

如果你没有，那也没关系，你停留在原地，你得到了自己应该得到的分数，改变需要时间，你心里明白这一点。

在这一周之中，你还会有很多给自己打负分的时候，和以前一样，你的行为障碍仍然无处不在，你的负面情绪仍然持续发生影响，但请先不要沮丧和否定自己，至少不要在每一件事上都这样做，让我们等一等，等什么呢？

等一周之后，就像在金钱上记账一样，我们来做一个自信力的清算，看看你是收支相抵，还是入不敷出，还是为自己保住了正现金流。

也许你的最终得分高出你的想象，你觉得原来自己的情况没有想象中那么糟糕，也有可能低到了一定水平，坐实了你觉得自己真的很糟糕的结论。

但这个记账真正的目的，不是分数，不是要安慰你，也不是要伤害你，而是要你了解自己的不自信具体会在生活中何种场景或事件中呈现。

这个时候，我们就要特别注意去正视"就事论事"的概念。

大家可能会察觉到，低自信的自我否定，不管是贴标签还是世界末日化，任何一种，都是不去关注客观事实，也不具体分析细节，也不相信一切是可以改变的。

把事实列出来之后，你会从比较客观的角度去看待自己，因为你最后所得的分数也许很低，也许真的是你自我评价以及被其他人对待或评价的水平，但那不是一个宿命的、固定的、毫无改变余地的指标。你列出来的那个长长的事务列表，以及不同事务所得到的分数，其他人对待你的态度让你给自己的分数，哪怕全部都很低，也是在说明一个非常非常重要的点：

我们可以改变，我们也会知道从哪里去改变，因为它们一目了然，就在你的记账本里待着。

我们有余地一点一点来改善，从某一件事入手，从负分转正入手，从提高一分入手。

我真的不相信有人衰到了这个程度，记账之后，发现自己真的一无是处，一事无成，没有任何人对你表露出一点点善意和好感，如果你已经衰到了这个程度，你看这些是没有用的，要赶快叫120去医院才行。

世界不给你的褒奖，你可以自己给自己

一旦你了解了这一点，接下来，在做了几周记录之后，请给自

己设定一个总分基准线目标。

如果你连续几周的周得分都是 60，现在让我们把目标定在 70 分，因为要让一个人知道自己是不是在自信力上有个进步，就和考试一样，分数是最直观的。

接下来我们就要去找出一件事或几件事，是你认为自己最容易提高分数的。有的人选择开始锻炼身体，有的人选择多看一页书，有的人选择在工作里多和同事说几句话，有的人选择跟那个一直伤害她的男朋友说分手，有的人呢，会选择从改变穿着入手。

假如你平常都穿黑色、深灰，非常保守，非常低调，因为你不喜欢别人关注你，而不喜欢其他人关注的根本原因，是你看不到自己有好看的地方。

但这不是真的。每个人都有好看的地方，好看的标准不是放之四海而皆准的。名模吕燕在传统的中国审美里根本不是什么美人，她仍然是名模，我们中国人认为白皙肤色是美貌的基础，但好莱坞的"黑珍珠"一样可以登上全世界最美 50 人的榜单。

不同种族，不同国家，不同时代，都可以有自己的审美体系。

那你自己呢，为什么不能建立你自己的审美体系？"你很美。"即使没有人说过这一句话，那也是因为你和他们是不同的人，你们看待世界的方式不一样，没有对错，只有不一样。

所以要去发掘你的美，穿那些你认为会让你被人注意的衣服，穿你喜欢的颜色，你喜欢的式样，在泳池边穿比基尼而不是传统的连身泳衣。如果你觉得这一切都太可怕，太不习惯，那么我们往后退，每次只做一点点改变，比如说从戴一个不同颜色的发卡或一对特别可爱的耳环开始。

其他的道理也是一样的，让我们去锁定它们，改变表现，得到不同结果，当你走出这一步，就在你的自信力账户里给自己加分。

当你做出很大的改变，花费了很多勇气和很长时间，你犹豫过、纠结过、挣扎过，最终勇敢了起来，那么给自己 10 分。如果你轻而易举就做到了，原来它根本没有想象中那么难，就加 3 分。

努力去增加那些正面加分的事情，减少负面加分的事情，也和考试一样，把题目做正确，错误率降低，你在班级里的名次就会靠前。如果世界不给你褒奖，你就给自己褒奖。

我总是建议大家把焦点放在行动上，不管是时间管理还是改善我们和亲密对象的关系，因为行动是切实存在的，是可以在反复操练和尝试中达成最佳效果，最高效率的。假设说你 6 岁的时候学会了游泳或者骑自行车，无论你现在多少岁，只要你身体状况允许，你就可以换上泳衣跳进水池或者骑上车子，自由自在地运动。在你学游泳的时候，有没有特别去克服什么心理障碍、童年阴影和父母之间的紧张关系呢？除非有很特殊的情况，比如说恐水症，或特别跟水有关的恐惧，那答案是不用执着于这一件事——你只要知道自己反反复复去练习，就会自然而然变得更擅长这些运动。很多人世间的事，不管看上去多么复杂，多么特别，其实跟游泳和骑车一样，本质上是互通的。

这个世界上没有魔法，但如果我们一定要找一个，那么行动是唯一的魔法。

价值观决定选择

故事如同大海之中的一滴水，它是象征，也是隐喻，折射出现实的成色与本质。这里有两个小故事，都不可能在实际生活中发生，但都和每个人的生活息息相关。

第一个小故事是这样的：假设你在一艘船上，漂流于大海之中，身边带着财富、自由、成就、名誉以及感情这五个珍宝。

一开始天气晴好，万里无云，你对自己的人生感到心满意足，因为你应有尽有。但天有不测风云，漂流没多久，突然狂风大作，暴雨倾盆。

你坐的船漏水了，逐渐下沉，想要继续前进，甚至只是生存下来，你就必须要丢掉一些东西以减轻重量。

这时候问题就来了，你会最先丢掉什么，最后又会保留什么呢？

我二十二三岁的时候去参加一个培训，导师在课堂上就讲了这个小故事，提出这个问题，在参加培训的 40 多个人里面，男的选什么的都有，他们的选择均匀分布在五个不同的答案上，可是令我印象极其深刻的是，几乎所有女性，都选了感情。

至于我呢，我选了自由。

我当时的男朋友对我这个选择表示不理解，因为在那一年，我刚刚放弃了一份待遇优厚、前途无限的工作，为了和自己喜欢的人相聚而来到一个陌生的城市，因此而跟家人反目，几乎可以说瞬间一无所有，从任何角度来看，我都是一个感情至上的人。

但对我来说，事实并非如此。

我为爱而牺牲一切，是因为我选择这样做，我听从的是自己的意愿，响应自己的需求，既没有人强迫我，也没有人劝说我，更不会因为他人赞同或反对而改变最初的决定。

对我来说，这就是自由的本意，我的选择，也就是我的价值观。

对任何人来说，无论有没有意识到这一点，本质上也是一样的。在语言学的研究里，没有什么"随便说说"，你说的任何一句话，都有其含义和原因。

因此也不存在什么"我勉强决定这样做""我随便选了一个"。

在勉强与随便之中，同样根植着你的价值观。

另一个小故事和第一个故事有异曲同工之妙，同样与选择有关。

假设在地面上放一根原木，给你 1000 元钱，让你从一头走到另一头，你会不会走呢？

在平坦的地面走一段原木，即使失足也无非就是轻松跳下来，这样就可以拿到 1000 元，性价比很高，我相信很多人都会踊跃接受这个挑战。

接下来，把这段原木放置在离地大概 3 米的地方，这次给你 1 万元，从这头到另一头，你会不会走呢？

1 万元，算得上是一笔小小的财富了，可以换一个很不错的最新款手机、笔记本电脑，或者犒劳自己去某个美丽海岛休几天假，很多人要辛苦几个月甚至更久，才能攒到这么多钱。

3米虽然有一点高，但似乎还可以接受，不至于会摔死，这时候，也许接受挑战的人会比之前少一点了，但还是会有的。

到了试验的最后，如果这段原木移到了两栋摩天大厦之间，成为真正凌空于深渊的一座独木桥，那么，要给你多少钱，你才会愿意在没有保护的情况下，冒着粉身碎骨的危险，尝试从这一头走到另一头？

这时候很多人就会马上说，给我多少钱我也不去，留得青山在，不怕没柴烧，命最重要。

没错，确实如此，钱没有命重要，这一点不难理解，更不难接受。

但如果在独木桥的另一头，是其他东西呢？如果你不去，这个东西就会消失。

比如说凝结你毕生心血的事业成果，比如说你珍视的社会地位和名誉，比如说你的父母和爱人，比如说你的儿女。

会有什么能让你宁死也要走过万丈深渊？

你的答案，就是你对价值的判断。

说到价值观，价值观是什么呢？

从学术角度来说，价值观是一种多元的、特定的观念，是人们对待问题的态度和处理问题的方法，它其实也是一种顺序，简单粗暴地表明人们会把什么东西排在一个更优先的位置。

不同的人之间存在着不同的价值观。马克思的一句话是这样说的：贫穷的人对最美丽的景色都没有什么感觉；经营矿物的商人只看到矿物的商业价值，而学者注意的，则是矿物的美和独特性。

我前面所讲的两个小故事，都是试图在极端情境下，让人们去正视对自己来说真正重要的东西，事实上无论你选什么，答案也没有对错。

不过有意思的是，社会有其趋向性，如果一个人在公开的场合做这选择，他往往会下意识选择对大众来说最容易接受的答案，女性尤其如此。

因此那些参加培训的女学员才会不约而同选择感情，尽管其中有些人没恋爱、没结婚、没孩子，甚至和父母亲属关系也很一般。

而第二个故事里面，几乎所有被选中起来回答问题的女性，都会选择为儿女或者所爱的人走过万丈深渊。

我不认为她们真的全都是这样想的，但我也不认为她们是为了讨好观众而撒谎。

这样的选择更像是一种理想主义，因为也有男性做出同样的选择。如果你去采访他们为什么，他一定会有很好的理由告诉你，让你听完之后潸然泪下，感觉人性可贵，真爱无敌。

但在现实里，颇为讽刺的现象是，类似的理想主义，对男人来说是一把屠龙刀，或者价值连城的古董，放在保险箱里，供起来，给人瞻仰和赞叹。非常重要，非常宝贵，必须好好保护，给它上保险，而且告诉别人我多重视它。

只不过我并不会拿来应用在自己点点滴滴的日常生活里。

去书店翻开那些伟大人物的传记，你可能会发现，没有任何迹象表明，他们把自己的时间和精力主要花在了家庭和爱人身上。

乔布斯长年跟家人分居，大部分时间都在工作；尼采是不负责任的父亲；叔本华干脆终身不娶；马斯克离过三次婚。

中国也差不多，没有一个互联网大佬是以当爸爸当得出类拔萃、尽心尽力而被外界称颂的。

这些都是他们的个人选择，只要不犯法，干啥都行，完全不影响他们的形象和成就，男人嘛对不对，男人全副身心关注自己的伟大事业、宏伟蓝图、工作、创作，甚至个人兴趣，都是很自然的事。大家都是这么说的。

那我的问题是，当同样的情况发生在女性身上呢？

雅虎的女总裁玛丽莎，是硅谷的顶级职业女性，她以作风强硬高调、特立独行而著称。

在出任雅虎 CEO 的时候，玛丽莎已经怀孕，但她一直工作到生产前，而且分娩后两周就返回工作岗位，至少从这个角度来看，女性的特有职责完全没有影响她在职场上的投入和表现。

不过，她在自己的办公室里，放了一个摇篮。

这实在是太糟糕了。

为什么我这么说？

想一想吧，这个摇篮，不是一个真正的，给小孩子在里面睡着吧唧嘴、吃奶打瞌睡的摇篮。

它是一个标志，是一个表态，是在向媒体、董事会、所有同事宣布：我玛丽莎是工作狂，但我也是母亲，我有能力掌控价值数十亿美金的商业组织，我也同时满怀柔情，随时随地愿意照顾我的小孩子。

对她，或者其他一个跟她同级别的顶级职业女性来说，她们已经超越了竞争的鸿沟，来到了"奶与蜜"之地，因此她们选择兼顾母亲与总裁的身份，值得敬佩，值得仰慕。

但对于绝大多数普通的女人来说，这完完全全就是当头一棒。

因为这就是女性被迫要接受的主流价值观，在世界的绝大多数地方，这甚至可以说是唯一正确的价值观。

传统的影响，社会的风潮，环境的压力，这些因素结合起来，代替大部分女性做出了选择：家庭更重要，爱更重要，你无论如何不能放弃，至于工作，你可以兼顾，如果不行，就只能放弃。

所谓"美德"，往往也是最沉重的负担。

我以前所带的团队中有很多女孩子，她们中间的一些人在大学毕业刚刚走上工作岗位的时候，表现是非常出色的，往往比同时进入同公司和部门，做同性质工作的男性员工要更出色。

这当然有原因，首先女生在头脑和身体上都会比同龄的男性成熟，因此在同样年龄段时，自然就拥有更强的学习能力和工作能力。

还有就是因为女性对自我的评价往往更加中肯，甚至很多时候偏低，所以她们也更愿意接受教导、培训，如果被指派去做第一线的工作，她们也不会表现出抗拒心理，而是踏踏实实上手，很快就可以积累起大量的实际工作经验。

这些女孩子们的黄金职场时间会延续三年到五年，而后最初青涩的新人渐渐变成了中流砥柱，也开始得到认同和回馈，根据我的观察，同期就业的女孩子，很大一部分会比同期男孩子更快得到第一次升职。

不过，一等到她们 30 岁左右，分界线就出现了。

你会看到，随着时间的流逝，在升职加薪的群体里，在重要的商务场合里，在挑战大压力大的项目攻坚团队里，姑娘们的身影在逐步变少，而且这个趋势会一直持续下去。

数据很能说明问题，在对五百强企业的管理层人员构成调研结果中你会看到，初级主管中，女性比例在 64%，到中层管理者的时候，就锐减到 37%，而总监以上的高级管理者里，女性只占到了 20%。

另外一个数据是这样的：2018 年中国的 A 股上市企业董事，女性只有 5%，其中还有相当部分是因为家族里没有男性继承人，所以让女儿传承了上一代的事业，那些白手起家，在创业的修罗场里杀出一条血路的女性成功者，比例非常小。

那肯定就有人说了：这很正常啊，男女有别嘛，思维模式呀，能力领域呀，兴趣关注点哪，全都不一样，刚好男性就比女性在职场上来得更有竞争力，所以出人头地的人就多呀。

别胡说了呀。

男女确实有别，可一个人和另一个人，同样有别。

科学告诉我们，个体差异之大，远远大于两性差异，也就是说，任何两个男的 CEO 之间，其方方面面风格或能力迥异的程度，都可能比一个男 CEO 和一个女 CEO 之间要高。

女性集体成为"下位者"，不是被能力限制住的，如果说一线消防员或者实战军人这样的职业，因为天然对体力有要求，因此男性的优势确实比较大之外，现代企业的竞争之中，女性大批落下风，跟能力一毛钱关系都没有。

限制她们的是选择。

那种压倒性，必须爱家庭、重感情的单一价值观，以及在这样的价值观影响之下，女性无意识或不得不做出的选择，限制了她们。

我对这个传统选择本身并没有意见，一个女人为家庭付出全部，这很伟大，很了不起，我真诚地认为它是值得赞美和尊敬的人生之一。我妈妈，我奶奶，都是这样平凡而伟大的母亲。我奶奶在一无所有的年代养育了8个孩子，每天晚上拿酱油汤泡糙米饭果腹，分娩第二天就去冷水河里给一家人洗衣服，她们坚忍刚强，犹如大海。

但抛开这一切的伟大不论，如果这个世界说，女人只有一种选择，那么这个世界就不对。

对男人来说也是一样的。

如果你是一个男的，生来对建功立业、拯救世界都没兴趣，天生心思细腻，手也巧，缝纫和厨艺一学就会，因此你8岁开始就立志要当家庭妇男。在一个理想的世界里，等你长大了，只要每个月给你一点钱，再来个人给你一点爱，你就能把一个简陋出租屋变成人间天堂。

结果你爸听完你对未来的展望，一巴掌打在你屁股上，和巴掌印子一起落下的还有三个字的评语：没出息。

对这个男的来说，这一样没有任何公平可言。

单一价值观是无差别攻击的大杀器，别管男的女的，任何人，如果只有一个选择，那任何人都有可能变成受害者。

说到这里，你可能会问，到底什么是价值观？

价值观必须是完全基于个人对事务重要性的认可而建立的观念。

这是学术上的说法。

它包含两个层次，第一是基础价值观。

如果让你闭上眼睛，不假思索地说出什么东西对你来说有价值，越详细越具体越好，那么你说出来的可能就是金钱、安全感、爱……也就是那些必要的，让人们能够维持基本生存质量的东西。

马斯洛需求虽然已经说得烂大街了，但人家说的是真理，如果没有温饱，没有安全感，其他一切都是空中楼阁。想想看，索马里的孩子缺衣少食，瘦成一具骨架，这时候你跑过去跟他谈远大理想，毫无意义！

这些对于生存和安全有必要的东西，就构成了基础价值的载体。

在匮乏的年代，基础价值就是一切，因此经历过饥荒与灾难的很多中国父母，对儿女的人生期望就是稳定，希望孩子去做稳定的工作，在成年之后尽快结婚生子，繁衍生息。

如果你仔细倾听的话，他们反复强调的都是基础价值的重要性，尽管很老派、保守，甚至让人厌烦，但仔细想一想，其实是可以理解的。

这一类保守派父母的真正误区在于，他们认为满足基础价值之后，人生的所有问题就都解决了。

而有很多人，尤其是女孩子，自己也是这样想的，结果呢，到一定年纪之后，她们就会对工作和生活都开始产生倦怠，厌恶又迷惘，甚至开始贬低自己的存在，感觉人生失去了意义。

这是因为，基础价值不是人生的全部，我们还需要更高层次的动因价值。

人生的动力，来源于目标

动因价值来自那些能让你产生目标感，满怀激情和动力的东西，它给予长久的激励以及满足内心需要的回报。

任何人要取得可见的、值得佩服的成就，他的行为一定和动因价值的来源保持一致。

我们可以通过一系列的问题来为自己找到动因价值：

你对什么有兴趣？

什么能不断提供给你前进的动力？

你愿意把时间、精力和关注力放在什么上面？

你对自己的最大期待是什么？

你人生中最重要的角色定位是什么？

在你深思熟虑再得出答案之后，请拿出一张纸一支笔，开始列举你人生迄今所做过的种种决定，一一审视，去看你的决定是不是基于你对事务重要性的认可和判断；去检查那些需要你付出时间、精力、关注力的领域，它们的比例和排序，是不是跟你的价值优先顺序一致。

我希望你得出肯定的结论，这样的话，我相信你过的就是你想过的生活，当然一样有困难和阻碍，但你知道这是必经之路，路的尽头是你所追寻的结果。如果你得出的是否定的结论，那么，请回到问题本身，去正视你的内心，回到最初的那两个故事：

你愿意为了什么走过万丈深渊，又愿意为了什么全力以赴，才能真正获得内心平静，以及有所成就。

自测：一般自我效能感量表（GSES）

一般自我效能感是动因价值产生的主要元素，一个相信自己能处理好各种事情的人，在生活中会更积极、更主动。这种"能做什么"的认知，反映了一种个体对环境的控制感，因此自我效能感是以自信的理论看待个体处理生活中各种压力的能力。

GSES（一般自我效能感量表）共 10 个项目，涉及个体遇到挫折或困难时的自信心。GSES 是采用李克特 4 点量表形式，各项目均为 1—4 评分。

GSES 测试值最低分为 1，最高分为 4；GSES 测试值越高，说明被试者自我效能感越强，即自信心较强；而 GSES 测试值越低，说明被试者自我效能感越低，即自信心较弱。

问题	完全不正确（1分）	有点正确（2分）	基本正确（3分）	完全正确（4分）
1. 如果我尽力去做的话，我总是能够解决问题的。				
2. 即使别人反对我，我仍有办法取得我所要的。				
3. 对我来说，坚持理想和达成目标是轻而易举的。				
4. 我自信能有效地应付任何突如其来的事情。				

问题	完全不正确（1分）	有点正确（2分）	基本正确（3分）	完全正确（4分）
5. 以我的才智，我定能应付意料之外的情况。				
6. 如果我付出必要的努力，我一定能解决大多数的难题。				
7. 我能冷静地面对困难，因为我信赖自己处理问题的能力。				
8. 面对一个难题时，我通常能找到几个解决方法。				
9. 有麻烦的时候，我通常能想到一些应付的方法。				
10. 无论什么事在我身上发生，我都能应付自如。				

注：评分标准如下：

1—10　你的自信心很低，甚至有点自卑，建议经常鼓励自己，相信自己是行的，正确地对待自己的优点和缺点，学会欣赏自己。

10—20　你的自信心偏低，有时候会感到信心不足，找出自己的优点，承认它们，欣赏自己。

20—30　你的自信心较高。

30—40　你的自信心非常高，但要注意正确看待自己的缺点。

积极参与：向前一步，不做"受害者"

我曾在社交媒体上看到一个很励志的故事，一位生活在美国俄勒冈的老太太，当了一辈子家庭妇女，年事已高时丈夫去世，儿女成人。她空闲下来之后，忽然对绘画产生了兴趣，这位老人的兴趣可不是说着玩的，她全身心投入到学习和练习之中，最后在自己家乡小城的美术馆成功地举行了个人画展。

这样的事不少：老年人环游世界跑马拉松，残疾人创业成功，先天智力比较低的人学到了一门精湛手艺，自力更生……每次看到这样的新闻，我都会想一下，拥有同等条件，但受困于自己的境遇裹足不前的人，和这些逆袭成功的人之间，最大的区别是什么？

有一些答案是这样的：他们天生就有毅力，有亲人爱人的鼓励陪伴，社会环境的支持，等等，都有道理。

但就我个人来说，我认为这些都不是决定性的。

伟大是一种选择

著名的管理学大师吉姆·柯林斯说，伟大不是机缘巧合，伟大是一种选择。

真正让这些人与众不同的，是他们面对自己的人生，选择向前一步。

《向前一步》是一本很有名的畅销书，作者是美国最著名的职业女性之一，谢丽尔·桑德伯格，脸书的首席运营官，她在书里提倡女性应该大胆追求自己职业的成功，向前一步，走到办公桌的旁边去，参与更多，主导更多。而男性呢，也应该向前一步，走到餐桌的旁边去，为伴侣分担家务，使她能够有更多精力专注于工作。

我很喜欢这本书的名字，每次我想起这个词，就会联想起一群人站成一排，在这样的情况下，一个人所得到的注意力，潜在回报和表现的机会，都是均等的，如果你想有所不同，就要站出队列，成为焦点，与此同时，你有要承受和应对因此而来的压力与挑战，一切付出与成果，大概来说都是成正比的。

向前一步可以是一个动作，比如说在会议室里，当有人问到说有没有问题的时候，你站起来提出其实每个人都想问的疑问，当有人需要帮助时，即使没有人赞成，也一样伸出援手。

向前一步也可以是一种反应模式，如果你认为凡事皆有可能，只要去尝试就有结果；如果你对新的信息，新的知识，新的世界总是保有探索的热情；如果你认为失败并非结论，而是一种经历，那么，你其实就始终站在队列之前。

"受害者"心态让人裹足不前

不过，无论是动作，还是反应模式，这些统统都属于呈现的结果，而不是产生结果的根源，向前一步精神中最基本的部分，其实是你如何看待自己：

你是一个参与者，还是一个受害者？

认为自己是一个受害者的想法是典型的受害者心态，即认为自己在生活里处处遭受着不公平对待，而自己对此根本毫无抵抗之力。

生活中随时可见典型的受害者形象，有些人是生来不幸，有足够的理由认为自己的遭遇不公平，也没有人可以责怪他们脆弱或矫情。

但是很多起跑线和其他人完全一样的正常人，往往也会选择这样的立场。

我有一个真实的案例跟大家分享，看受害者的视角是怎么样的。好几年前，我招聘一个主管的职位，有一个面试者严重迟到，而且还没有带上要求她带的资料。她进门之后，我给了她机会解释，她是这样说的："今天下大雨，我怎么打都打不到车，所有的出租车司机都对我视而不见，等我去坐地铁的时候，他们的自动售票机器又坏掉了，售票窗口的人完全没有服务精神，动作特别慢，我的资料全部淋湿了不能用，而我在市中心居然到处都找不到一家复印店，这个城市的公众服务实在太差劲了。"

她在面试过程中表现其实还不错，但我没有录用她，我可以想见，这个人在接到失败结果通知的时候，会不断去跟其他人抱怨，除了重复一遍那天悲惨遭遇，还会增加新的加害人："我浑身湿透了还去面试，面试官却根本没有人情味。"

这个人所描述的是不是事实呢？姑且认为她没有说谎，在重要面试的一天，她就是这么倒霉，遇到了所有能遇到的阻碍。

但她所选取的事实，是最虚弱无力、最没有建设性的部分，全部用来说明她是无辜的，是被损害的和被拖累的，她不是问题的一部分，也没有责任，在这个可怕的会下大雨的世界上，她弱小可怜而无助，默默倒霉。

这种论调，我们是不是很熟悉？工作、生活、个人感情，方方面面，没有任何人可以永远在完美的顺境里生存，因此要找外界和他人的责任，几乎总是唾手可得，失败于是就比较容易接受，至少自己心里感觉会好一点。

受害者的立场是非常容易被选择的立场，因为实在太方便了，当然，这样的人要一事无成，也是非常容易的。

唯独愿意承担责任的人，把自己看作问题一部分的人，才会努力去寻求改变和主导，才会致力于解决问题。

要"参与"，才能改变

不管是你做一个极其困难的项目，还是处于恶劣的原生家庭环境，这些不如意的存在不是你造成的，不是你的责任，但它们会影响你，如果你拒绝承受这样的影响，如果你想要过得更好，那么做出行动去改变，就是你的责任。

当你认识到这一点，你才不会觉得失败是自然而然的定局，既然你决心要做一点什么，那你的努力总会有一点用。

这样的立场，叫作参与者立场，也是我所认同和提倡的立场。

回到上面所说的面试迟到的案例，我作为面试官，确实非常不喜欢面试者不尊重我的时间安排，更不喜欢有谁把重要的注意事项当儿戏，但我并非不通人情，如果这个迟到的人能在进门后告诉我："外面下大雨，实在打不到车，因此我转乘地铁，不巧的是地铁站的自动售票机坏了，我只好改从排长龙的人工售票处买票，导致耽误了整整 20 分钟的时间，这都是因为我没有提前留心天气预报，做好出行准备而造成的，非常抱歉。"而关于她的资料被淋湿的部分，如果她能够告诉我："我的资料淋雨湿透，不能用了，但我已经在 ×× 平台上托跑腿帮我重新打印，5 分钟后就会送到公司前台，在那之前，如果方便的话，请让我先发一份电子文档给您过目。"用类似的态度和方式去面对，这位面试者不但不会因为迟到在我这里减分，反而还会加分，因为她是一位真正的参与者，她意识到了问题产生的根源，坦然承认自己的失误，并且尽力做出了相应的行动去挽回局面，这样的员工往往会是潜力股，能够快速成长，成为中流砥柱。

现在，我可以回答一开始我们所面对的疑问，当我们意识到自己所处的环境，严重背离了内心所真正认同的价值观，应该怎么办？

答案就是向前一步。

从现在开始，从最细微的部分开始，有耐心、有步骤、有章法地，一点点加以改变。

人生是你自己的，就由你来负责和主导。

高自尊的人是最有包容力的人

在我多年的管理和培训经验中，经常会注意到，几乎任何团队里，都存在两种行动截然不同的成员。

这两种人，一种是缩头党，很安静，当会议讨论到一个有难度的项目时，他会肉眼可见地在会议桌一角蜷曲起来，眼神看着自己的鞋子尖，绝对不和任何人对视，从头发缝隙里就可以直接看到他的内心活动，他正在尖叫："不要找我不要找我，我搞不定的，我一定做不好，求放过！"而另一种人是狂战士，越多挑战，他越是双眼发光，满脸兴奋之色，而且会当仁不让高高举手，大叫："这个太棒了，特别有意思，我想做我想做，老板你看看我！"

如果这两种人都要跟一个不太容易对付的合作方共事，对方非常挑剔，而且经常大发雷霆，对同事进行无差别攻击，缩头党可能就会特别害怕去跟对方交涉，哪怕对方在工作上施加了很大的压力，天天上班都喘不过气来，但他就是保持沉默，逆来顺受，什么都不说。而狂战士呢，却会针锋相对，甚至当面吵起来摔桌子走人也在所不惜，他会不断去跟对方沟通和抗议，把自己的真实感受说出来，强硬拒绝不合理的要求，而且他的拒绝往往真的会被接受。

如果你是缩头党中的一员，可能会给自己的表现找到很多来自外界的原因：不想参与新项目，是因为项目不适合我，不和有问题的人正面对抗，是因为公司气氛挺好的不要去破坏它。

但真正的原因是什么呢，也许是因为你的自尊太低了，不足以让你有勇气去维护自己的权益。

低自尊就像蛋花汤里的碎鸡蛋一样，太少太单薄，没有办法成形，也就当不了把你的人生好好撑起来的顶梁柱。它还会带来一系列贯穿人生的负面影响，其中会在职业发展上表现得非常明显的是这一点：我也想，但我就是不行。

文章的最后，有一个自尊测试表，你可以做做看，用科学方法测一下自己的自尊类型和自尊水平。我要告诉你的是，自尊是一个心理学的概念，它的主要构成部分是自信，而自信有两个维度：一是我认为自己有多能干，二是认为自己有多可爱。想一想，每一个在职场上游刃有余的人，每一个在感情关系里如鱼得水的人，这两个方面的自我评价显然都不会低。

好消息是，自信和你的肌肉或者发际线一样，哪怕看起来是天生的，其实都可以改变，只要你提高了自信，就会自然而然改变自尊的水平，也就会让生活和工作的表现焕然一新。

除了前文我们提到的建立自信力账本，当我们的理念有如下改变，也会有效提升自信力。

学会就事论事

这个方法，是训练自己把遇到的事情单独拎出来去看待和处理，而不是把这件事的影响扩大，更不因为一件事而否定自己整个人。

打个比方说，每年新年的时候，你可能都为自己立下过很多远大目标，要健身啦，要读多少本书啦，要去学一门新的语言啦。

计划执行到第三天，你有点事耽误了，第四天也没来得及完成今天要完成的任务，你就开始哀叹起来："完犊子了，我又半途而废了，今年又什么都干不了，我这个懒鬼没救了。"

因为一时一地的表现，给自己贴上永远的标签，它第一体现了自信不够，第二会进一步磨损你的自信。比如：

一天没读书，前面读的三天就成了过眼云烟，干脆永远别读书；

一件事没做好，你这个人就彻头彻尾是废物，从此再也不努力。

正确的做法，是要提醒自己聚焦在这一刻，这一样东西，这一个人，这一件事，活在当下，也战斗在当下。

一件事发生了，这件事是好是坏，也就只是这件事而已，很少有一件单一的事会完全找不到解决、弥补或者改善的方法。

今天没好好运动，睡前在床上来几个"鲤鱼打挺"也算是锻炼了身体呀；今天老板批评你了，明天我要好好表现，争取改善他对我的印象啊。

就事论事，而不是把一件事变成一根棍子，不管三七二十一把自己当头打翻。要做到这件事不行，下件事可以，这样去面对自己，才会更有信心。

做最坏打算

提高自信力还有一个方法：向下箭头法。

这个方法是训练自己刻意去预估一件事有可能糟糕到什么程度，然后跟股票市场一样，想办法让它触底反弹。

股票市场是不是会反弹，你说了是不算的，哭也没有用，但在关于自己的事情上，操作起来就比较容易了。

如果你自信比较低的话，遇到某件事的时候，就很容易预想不好的结果，下意识的反应是：不行，我不能做，我得现在就停下来。

这种预估通常都是不理性的，是情绪的直接反应。而向下箭头法，就是把最坏的结果当成真正发生了的灾难，而后去想，这个灾难性后果一步步成立的可能性有多大，有没有可能避免。

比如说你上司要你接手一个比较有挑战性的新工作，你接手之后，最坏的灾难性情境是什么样的呢？

首先，你胜任不了这个工作，犯错了。

↓

错误非常严重，无法挽回。

↓

你就被开除了。

↓

开除之后，你怎么找都找不到工作，于是得了抑郁症。

↓

得了抑郁症之后，你变得像行尸走肉一样，没有任何活力了。

↓

于是你的爱人嫌弃你，跑了。

↓

最后你像一个废物一样，孤独地浪迹街头。

听到这里你会不会想：不至于吧？

你会这样想，那就对了，你就回到了理性思考的轨道上。

现在你可以看看，在什么情况下这种极端状态才会出现，比如说第一步，你接手了一个新工作，然后犯了非常严重的错误。

备选的情境是什么呢？第一是不犯错；第二是犯的错误没有那么严重，是可以补救的。

在这个步骤，如果你想要不犯错或者少犯错，你需要做什么呢？

可能是拼命去学习，好好研究新工作，到处请教在这方面更有经验的人，或者打起十二分精神，一丝不苟严阵以待。

下一个步骤，即使拼了命认真努力，都还是没有办法避免犯错，那么你上司是不是一定就会把你开除呢？备选的情境，有没有可能是严厉批评你，同时教你应该怎么处理工作里出现的问题？

再一个步骤，就算你被辞退了，你就真的找不到任何工作吗？就算很好的工作不好找，但短期的呢？兼职呢？去工地搬砖呢？一个都找不到吗？

听到这里，你也许就会感觉，自己变成行尸走肉的可能性好像真的不大，你其实是可以试试去接手那个新工作的。

向下箭头法是让你去做精确思考，你越是想得细，越是会发现，灾难性结果发生的概率是非常非常低的，哪有什么事是从头到尾你都能控制或者都那么倒霉的呢？当你推演灾难一步步出现的原因，其实就是在一步步考虑避免问题的办法，那些模模糊糊的"不行"，就会变成清清楚楚的"行"。

自我为先，终身成长

在自我成长的路上，有一件事你要始终记得：你的选择，你的倾向，你的决定，都是你的。可能会被外界干扰影响，或者左右，但最终它们来自于你，听命于你，服务于你，归根到底作用于你。而"自我为先"的概念需要落地成为行动才有意义，我推荐大家从三个维度践行。

我要我觉得：情绪以自我为先

在美国一所小学里，每天早上上课之前，老师会带孩子们做一个小小的练习，他们把椅子摆成一个圆圈，孩子们轮流向班里的同学描述自己今天有什么样的感觉，以及产生的原因。

这个练习的目的，是让小孩子从小就能够学会精准定位自己的情绪，知道自己有什么感觉以及探寻为什么会有这样的感觉。很多人没有这种内在的知觉力，而这种能力对于清晰地管理情绪以及做出决定来说非常重要。

我们在工作中或者生活里也会遇到定位情绪的问题，比如说你做砸了一件事，你这时的情绪是恐惧被问责呢，还是对自身能力产生了自我怀疑呢？如果你和男朋友之间产生了误解，你所经历的是沮丧感，还是厌倦感呢？它们的表现方式可能相似，但发源并不相同，而不同的情绪会决定你采取不同的应对方式，从而引导一个人走向完全不一样的选择。

假设你是一个全职妈妈，大部分时间都在家里一个人带着小孩子，不管你多喜欢小朋友，多半都会有对孩子怒气冲冲的时候，这种表现可能会被家人认为是耐心不够，甚至爱心不够，心浮气躁，诸如此类。而你可能发完脾气之后也这样想，产生了自责的念头，慢慢认为自己确实是一个容易焦躁的人。

这种情况下，我建议你冷静下来，给自己一个独处的时间，去回溯你在焦躁感最早出现的时候，是什么触发了你。你可以借助纸笔，忠实地去记录生活里发生的事。

如果你回溯得足够细致和认真，你也许会发现第一次对孩子发脾气的那天，你的伴侣离家的时候没有跟平常一样跟你拥抱告别，而是匆匆忙忙打着电话就走了，接下来你又会有漫长的一天见不到他，因此你感到孤独。

也可能你发现，那一天你想买一件自己喜欢的东西，却发现没有足够的闲钱，因此觉得沮丧，也产生了经济上的不安全感。

孤独感能够通过和伴侣沟通缓解，经济上的不安全感可以通过重新配置家庭支出，或者主动做一些兼职来增加收入，但在你没有能力定位和管理自己情绪的情况下，就会成为一团混沌的低气压积压在心里，而后被任何一件小事触发。表面上是你对小孩子发脾气，其实你在对自己发脾气，却并不知道为什么。

情绪以自我为先，就是定位情绪，分析原因，解决问题，这是掌握人生主动权非常重要的一部分。

我要为我好：反应以自我为先

一个小孩子生病了，爸爸因为工作比较忙而不回家，只是打电话关心一下，这是很常见的事，往往也很容易得到其他人的体谅，男人也很少因此认为自己不是一个好爸爸。

但如果是妈妈这个角色，情况就完全不一样了。我的职业生涯中见过很多女性高管，无一例外会因为孩子生病而留在家里上班，或者无论开多么重要的会议，都会中途出去接幼儿园打来的电话，包括我自己。这很大程度上是因为社会和我们自己都默认，妈妈要对孩子负全责，否则就不合格不尽职。

对家庭和孩子的责任，往往会成为女性的负担，我们会以妈妈、太太的角色去考虑自己应该有的反应，却不会去想这样的反应能不能带来利益最大化。

如果你一而再再而三地优先家事，置工作于不顾，哪怕你平常工作完成得再好，也不会给人留下正面的职场印象。

有一个悖论是，如果女性真的想要有更多时间照顾家庭，其实更应该在职业上努力拼搏，因为高管可以带着孩子出差，也可以说在家工作就在家工作，而普通员工是完全没戏的。

我不提倡女性们对家庭不管不顾，不在乎亲人爱人的需要和感想，事实上对普通人来说那也根本不可能。我的建议是，当你遇到工作与天然母性有冲突的时候，不要完全听凭本能去反应。

人的本能跟任何动物一样，都是最基本的，服从于冲动和生存安全的诉求，但你今天可不是生活在大丛林里，人类最可贵的品质，是理性和思考。

如果你刚好在出差，小朋友生病，你远在千里，马上要开一个重要的会议，作为一个爱孩子的妈妈，你的本能反应会让你不顾一切飞奔回家。

但从理性的角度，第一你应该了解孩子的身体状况，初步判断是什么病症，需要做出什么反应，你的出现对处理这件事有没有实质性的帮助；第二，如果家人已经带着孩子准备去医院，而你的伴侣现在有时间，那最合适的是让爸爸到医院去和家里人会合，随时和你保持联系；第三是评估工作进度和时间需要，能不能提前完成，能不能调整日程，有没有可能让你今晚或明早尽快回家。如果不行的话，错过这个会议的后果要如何弥补。

哪怕你本能的反应和理性的反应最后结果是一样的，都是第一时间回到孩子身边，但因为反应流程的不同，你的主动程度也会有很大的区别。

我要我选的：选择以自我为先

女性有个特点，如果面临的选择跟家庭和孩子有关，就很容易把自己往次要的、可牺牲的位置摆，我认为这是不对的。

我以前有两个下属，同一年进公司的，一个男生一个女生，两人的职位也一样，表现方面差不多。

作为他们的上级，我给他们的培训、关注，以及为他们争取资源和机会的努力程度，可以说是完全一样的，他们的能力和敬业程度其实也差不多，事实上我还更喜欢那个女孩子一点，因为她既有进取心，个性又很好。

就在他们工作的第三年，一个选择导致了不同的结果：男生经过公司推荐，去读了一个在职 MBA，而女生呢，因为谈恋爱，男朋友希望她周末都陪自己，家里人也想要她多花时间经营感情，早点结婚，所以放弃了这个机会。

那一年这两个下属一起升了主管，再过两年，男生升了区域经理，女生还是主管。以我对职场发展和他们两个的了解，这就是拉开差距的关键一刻，女生很有可能会定格在主管位置上相当长时间，而男生的前途则清晰可见，是向上的。

如果女孩的自我期待就是有一份安定的工作，专注于家庭，那是没有关系的，但问题在于她非常希望成就一番事业，却又在面临选择时候顺从了他人的意愿。

回到开头说的，你想要什么都可以，你都要明白这是你的选择，这太重要了，因为很多时机都是稍纵即逝的，你不在乎就算了，如果你在乎，就会留下很多遗憾。

很多小事情上的选择也是一样的。当妈妈的，经常都要参加小朋友学校的运动会，舞蹈表演哪，开家长会呀什么的，晚上还要陪着孩子做各种作业，准备这个那个，老实说事真多，而且都挺麻烦，很多妈妈为此纠结，如果努力什么都揽下来，肯定疲于奔命，要是不去管呢，又会有罪恶感。

从我的角度来看，跟小孩子有关的事确实重要，但未必全都那么重要，也不是只有你才能做，你负责一部分，爸爸负责一部分，甚至爷爷奶奶负责一部分，又有什么问题呢？小孩子的心理健康在于你是不是采取了正确的心态和方式和他相处，而不是事无巨细一手包办。

生活方面也是一样的。厨艺好当然给女人加分，也很有乐趣，但花一点时间找找哪家外卖好吃，给自己省出时间来看一场电影，做一个头发，加加油充充电，对很多家庭工作两头烧的超级妈妈来说，比几句家人或外人的赞美要更有用。带孩子的话，安全的婴儿罐头食品质量很好，比你自己在厨房里一块砧板又切菜又切肉做出来的辅食其实更干净卫生，营养还均衡，为什么你非要觉得亲手做才对劲呢？你是因为自己觉得这样好，还是因为被传统的、外界的、所谓的"好女人、好妈妈"的标准绑架了呢？根据我的观察，大概率是后者。

在这方面，女人们可以参照身边的男人们。他们会在周末因为工作而出差，也会在朋友约自己喝酒的时候，跟家里人打个招呼就晚归，这些男人都是正常人，不是什么渣男、精神变态者，或者不负责任之辈，他们也爱孩子，爱家庭，爱伴侣，同时认为自己的个人需要非常重要，理所当然要投入时间精力，他们的需要包括事业发展，也包括社交意愿，还包括有独处的时间和空间，女人们也完全应该这样。当你做选择的时候，要想一想自己需要什么，自己愿意怎样，你真的不用担心自己由此就会变成一个糟糕的伴侣和母亲。天性使然，女性总是会比男性更关注家庭和儿女，哪怕你使劲往回扳，多半也就是做得刚刚好。

了解自我，照顾自我，明确自我的需要和边界，才有余力去应对其他的一切，希望大家都给自己多一点注意力。

宿命论与成长论，何为正解

有一种广为流传的说法是：人的智力、能力、品格与前途等一切，都是被决定的和固定的。决定这些东西的元素有很多，就像星座，还有中国人的面相、手相、颅相学，以及古今中外都很买账的命运。而到了现代，还有一种看起来更为科学、更为有说服力的因素出现，那就是基因。

另一种说法是，决定这一切的元素是动态的，是人们的背景、经历、接受的教育，以及学习方法的不同，支持这个说法的人里面，最有名的一个是法国心理学家，阿尔弗雷德·比奈。这个名字可能对大家来说很陌生，但他在 20 世纪初所发明的智商测试人尽皆知，而他发明智商测试是为了识别智商与大众水平不一致的孩子，包括天才，也包括发展滞后的儿童，从而让他们得到更有针对性的教育。

他这样写道：

有的人断言个人的智力是一个定量，这个定量不会变多。我们必须同这个残忍悲观的结论进行对抗，通过练习、培训，以及最重要的——方法，来增加自己的注意力，提高记忆力以及判断力，让自己切实变得比以前更聪明。

提起这个是因为从个人智力和能力推及对待生活、工作以及人际关系方面的态度，人们同样普遍存在这两种类似的思维，一种是宿命论，一种是成长论。

我们用一个案例来说明持有不同思维模式的人，在同一件事面前会有什么样的反应。

比如说，你今天开车去上班。路上跟人刮擦了，在街边等交警来，耽误好一阵子，结果迟到。到公司之后，你老板突然叫你去开一个项目会，在会议上你被问到一个重要的数据问题，你措手不及，没有回答上来，结果开完会就被老板批了。你沮丧地回到座位上，给在异地工作的老公或者男朋友发信息抱怨自己的遭遇，结果他迟迟不回，你干脆打电话给他，对方却没有接电话。

你不妨想一下，如果是你遭遇了这一切，会有什么反应呢？

你会不会觉得自己是个失败者？自己长了一个笨蛋的脑子，你会不会觉得自己没用而且愚蠢，其他人，甚至是最亲近的人，都不爱你。

换言之，你有没有把这些发生在你身上的事，当作衡量你自身价值和能力的标尺，甚至就是对你本身的判断？

在感觉之外，如果让你对这些事进行评价和反省，你可能会说什么呢？

你会不会说："我根本不是开车的料，一个月我已经出了三次交通事故，我还是老老实实去挤地铁吧。"

或者："这份工作让我太累了，事情越来越多，又没人帮我，我根本做不好。"

还有就是："我从来得不到任何爱人的关心。他根本就不爱我，这份恋情是一个错误。"

如果在这些答案里看到了自己的影子，那么，你也许就是宿命论者。

宿命论者有几个特点：

第一，永远有定论，始终在证明。

比如你想减肥，却偏偏认定自己是易胖体质，根本减不下来。你连试都没试过，就轻易给自己下了定论。

你将标签加在自己身上，如果你做对了一件事，取得成功，你就是对的，有价值的，反之亦然。你的所作所为，都在证明某个结论。

在处境非常顺利的时候，这种想法似乎没什么问题，但一旦失败来临，就会把自己带入陷阱。你想一想，一旦考试没有取得好成绩，就表明智商不够，而打羽毛球迟迟不能取得进步，说明身体素质不过关，你把这些负面的定论牢牢锁定在自己身上，而更糟糕的是那些你本来觉得自己游刃有余的事，突然有一天也出了问题。

而下一步往哪里走呢？只能全盘否定自己，自信心和自尊都开始下滑，很多心理疾病由此埋下伏笔。

第二，拒绝尝试和改变。

女生都有一颗爱美的心，有的时候看见其他女生打扮得漂漂亮亮，就会心生羡慕。但是，如果你建议她去改变自己的发型或者穿搭的话，她会毫不犹豫地选择拒绝。理由就是："人家那样是因为本身颜值高，同样的衣服穿在我身上那就是灾难。"

比起永远在一条熟悉的道路上行走，尝试新事物、新领域，一定会有风险，尝试也意味着更多的压力和失败的可能，但唯其如此，才会带来收益和积极的变化，很多谚语把这一点说得很生动，比如说"不入虎穴，焉得虎子"就非常典型。

宿命论者会怎么来解释这句谚语呢，他们会说："不入虎穴，就不会死。"

换句话说，如果你冒着风险，努力寻求改变，就会失败，因为你已经决定了自己没有足够的能力去完成某项任务。

第三，不认同努力的价值。

有一种倾向叫作"CEO综合征"，它表述的是一种想要始终站在世界之巅，比所有人都要出色，永远完美无缺的倾向。你可以说这是一种自恋的极端，也可以说这是一个人对自己提出的高要求。从另一个角度来说，这也是典型的宿命论思维，因为它否认了任何人在到达哪怕一定程度的完美之前，都经过漫长的、艰苦的努力。

我在微博上关注一个接受年轻职业人投稿的博主，他们最受欢迎的投稿，都是跟"丧"有关的，他们会描述自己上班如何痛苦，和同事相处多么难受，以及天天面对自己无法解决的专业问题心里如何崩溃。

如果你仔细看他的帖子，你会发现他们所描述的情况并不是某一天的感受，而是整整一年甚至两年的感受。

我就会很想问，这两年你都在做什么？除了感觉自己上班像上坟，你有去学习如何更好地处理工作吗？你有调整自己和人相处的模式吗？你有学会反省自身的问题加以改进吗？

甚至说你这么痛苦，你有试过去跳槽吗？你都没有，你怎么可能希望不断重复去做的事会有不一样的结果呢？

宿命论思维带给我们狭隘、绝望以及接二连三的挫败，对女性来说，尤其如此，因为女性被环境和传统所影响，本身就倾向于对自己有更低的评价，也更容易有无能为力的幻灭感。

成长型思维的养成

我们要有成长型的思维，这种思维其实只有一句话，那就是要相信人是可以发展的。

无论是能力还是智力，无论是你自己的还是他人的。

这里的发展要付出努力、意志力和精力，也要找到合适的策略和方式，因为只有前者的话，仍然很有可能一事无成，但一旦加上行之有效的方法，事情就不可能会错到哪里去。

我用一个单身女性可能会比较关注的问题来说明成长型思维会带来的好处，那就是脱单。

我想问你几个问题，第一个问题：对于你想要找到的伴侣，你认为他是存在于世界上某一个角落，等待你去寻找吗？

第二个问题：你相信爱有天定，或者灵魂伴侣这种说法吗？就是说，有一个人会完全了解你、理解你、珍惜你，他和你心灵相通，毫无隔阂。

第三个问题：如果你的伴侣做了让你不满意的事，你对他非常失望，你是不是认为自己应该马上分手呢？

如果你三个问题都给我肯定的回答，那么，我认为你很难脱单，或者更精确地说，你很难找到一段能够长久稳定，而且不断在往积极方向发展的关系。

著名的美国婚姻专家艾伦·贝克说过，对两性关系来说，最具毁灭性的想法之一就是："如果我们需要努力，这说明我们的关系里存在非常严重的问题。"

成长型思维，会相信自己不断要创造足够多的机会，这样你可以认识更多合适自己的人，从中发展恋情，也相信人与人之间的感情需要不断培育与创造，更相信如果自己和恋人之间出了问题，首先需要做的是坐下来沟通，看如何一起去努力解决问题，从而让彼此都变得更好。

那些真正幸福的伴侣，很少在第一天就天雷勾动地火，而后过三个月就老死不相往来，他们的关系如同山间流水，不疾不徐，但不断在流动，不断向前，渐渐成为洪流大江。

成长型的思维并非超市卖的面包，当我们意识到自己需要时就去拿一袋。每个人身上都并存着宿命论和成长论这两种模式，要让成长论思维更多地引导我们，有两件事可以做。

第一件事，是建立积极信念，如果事情现在已经很好，去总结和思考它为什么会这么好，在生活里你被人喜欢，在工作里你受人尊敬，去分析这些结果的到来，到底是因为天赐的运气，还是因为你做出的努力。

在你的行为、结果以及方法之间建立起联系，这样的好处是让你知道，哪怕事情偶尔出了差错，那不是因为命运之神突然决定抛弃你，你所要做的，是去调整处理的方式，想出应对的法门。

第二件事，是去做有意识的记录和总结。如果你的境遇并不是太好，你已经沉沦在失望和抱怨之中太久，也不知道如何去改变，那么，就像做作业一样，我们来把生活或工作中遇到的问题都变成一个一个案例，你稍微把自己抽离开来，用局外人的眼光去分析，宿命论者会如何应对？成长型又会如何应对？

比方说，如果你应对自己的工作很吃力，而你也对此感觉很苦恼，那么，去想象你大脑里的宿命论者在说："你这个人不行，你一事无成，工作做不好，老板也不喜欢你。"

你喜欢这样的定论和状态吗？你不喜欢。

既然如此，就让我们强行创造一个成长型的大脑角色，它所遵循的是人会变化和发展的原则，现在做不好，不代表将来做不好。循着这个线索去想，我是不是可以去报一个网络课程学习专业相关的知识？或者，我能不能请同事吃饭，让她花一点时间指导我的工作？哪怕这个角色对你说的话都是陌生的，令你不舒服的，也要坚持听久一点，因为维度不同的想法，会带来不同的行为和结果。

要改变自己习惯的思维模式当然很难，可一旦你从改变里得到了益处，接下来你就会多一点信心坚持——坚持成长型的思维，也坚持成长。